目　　录

铸造实习报告

日 期		成 绩	

一、判断题(将判断结果填入括号中。正确的填"√",错误的填"✕"。)

( )1. 型砂是制造砂型的主要材料。

( )2. 砂型铸造是生产大型铸件的唯一方法。

( )3. 芯骨的作用是用来增加砂型的强度。

( )4. 型芯烘干的目的是提高其退让性。

( )5. 型砂耐火度的高低,主要取决于粘结剂耐火度的高低。

( )6. 舂砂时,砂型的紧实度越高,强度也越高,则铸件质量便越好。

( )7. 当铸件上的孔腔需要用型芯铸出时,垂直安放的型芯要有上下芯头。

( )8. 铸 R 圆角半径一般为转角处两壁平均厚度的 1/4。

( )9. 铸件的重要受力面、主要加工面浇注时应该朝上。

( )10. 造型时,砂型的分型面一般应取在铸件的最大截面处。

( )11. 冒口主要起补缩作用,其位置应设置在铸件的最高处。

( )12. 冲天炉上的出铁口要比出渣口高。

( )13. 出炉的铸铁理想温度约为 1 350℃~1 450℃。

( )14. 金属型的浇注温度、浇注速度都应比浇注砂型高一些。

( )15. 用离心铸造生产空心旋转体铸件,不需要型芯和浇注系统。

( )16. 由于金属型能一型多次使用、使用寿命长,故有永久型之称。

( )17. 当铸件生产批量较大时,都可用机器造型代替手工造型。

( )18. 用压力铸造可以生产出双金属铸件。

( )19. 熔模铸造无分型面,故铸件的尺寸精度较高。

二、填空题

1. 配制型砂常用的粘结剂有_____、_____、_____、_____、_____,其中最常用的是_____。

2. 最大截面的上部,形状简单的铸件多用于_____。

3. 型芯的主要作用是_____。

4. 手工造型的主要特点是_____、_____、_____、_____,在_____、_____生产中采用机器造型。

5. 常用的特种铸造方法有_____、_____、_____、_____、_____。

6. 配制型砂常用的粘结剂有_____、_____、_____、_____,其中最常用的是_____。

7. 造型用的模样,其材质可以由_____来制成,在机器造型中模样的材质均采用

_____。

8. 造型的浇注系统应由_____、_____、_____、_____4 部分组成,其中与铸件直接相连的部分是_____。

9. 铸工实习时,熔炼铝合金的设备叫做_____,其型号和功率为_____,浇注时的安全注意事项是_____。

10. 有色金属(如铝合金)铸件的批量生产,以_____铸造方法可以取得最佳效益。

11. 常用的特种铸造方法有_____、_____、_____、_____。

三、选择题(选择正确的答案,将相应的字母填入题内的括号中。)

1. 下列工件中适宜用铸造方法生产的是(　　　)。
　　A. 车床上进刀手轮　　　　　　　　B. 螺栓
　　C. 机床丝杠　　　　　　　　　　　D. 自行车中轴

2. 型砂中加入木屑的目的是为了(　　　)。
　　A. 提高砂型的强度　　　　　　　　B. 提高型砂的退让性和透气性
　　C. 便于起模

3. 大型型芯中放焦炭的目的之一是(　　　)。
　　A. 增加强度　　　　　　　　　　　B. 增加耐火性
　　C. 增加透气性　　　　　　　　　　D. 增加型芯的稳定性

4. 车床上的导轨面在浇注时的位置应该(　　　)。
　　A. 朝上　　　　　B. 朝下　　　　　C. 朝左侧　　　　D. 朝右侧

5. 为提高合金的流动性,常采用的方法是(　　　)。
　　A. 适当提高浇注温度　　　　　　　B. 加大出气口
　　C. 降低出铁温度　　　　　　　　　D. 延长浇注时间

6. 铸造圆角的主要作用是(　　　)。
　　A. 增加铸件强度　　B. 便于起模　　C. 防止冲坏砂型　　D. 提高浇注时间

7. 挖砂造型时,挖砂深度应达到(　　　)。
　　A. 模样的最大截面处　　　　　　　B. 模样的最大截面以上
　　C. 任意选择

8. 制好的砂型,通常要在型腔表面涂上一层涂料,其目的是(　　　)。
　　A. 防止粘砂　　　B. 改善透气性　　C. 增加退让性　　D. 防止气孔

9. 灰口铸铁适合制造床身、机架、底座、导轨等结构,除了因为其铸造性和切削性优良外,还因为(　　　)。
　　A. 抗拉强度好　　　B. 抗弯强度好　　C. 抗压强度好　　D. 冲击韧性高

10. 制造模样时,模样的尺寸应比零件大一个(　　　)。
　　A. 铸件材料的收缩量
　　B. 机械加工余量
　　C. 铸件材料的收缩量+模样材料的收缩量
　　D. 铸件材料的收缩量+机械加工余量

11. 分型砂的作用是(　　　)。
　　A. 分开上砂箱与下砂箱　　　　　　B. 使分型面光洁
　　C. 上砂型与下砂型顺利分开　　　　D. 改善透气性

12. 舂砂时,上下砂箱的型砂紧实度应该（　　）。

    A. 均匀一致　　　　　　　　　　　B. 上箱比下箱紧实度要大

    C. 下箱比上箱紧实度要大　　　　　D. 由操作者自定

13. 砂型强度低时,除造成修型、塌箱外,还会使铸件产生（　　）。

    A. 气孔　　　　　B. 砂眼、夹砂　　　　　C. 表面粘砂　　　　　D. 浇不足

14. 考虑到合金的流动性,设计铸件时应（　　）。

    A. 加大铸造圆角　　　　　　　　　B. 减小铸造圆角

    C. 限制最大壁厚　　　　　　　　　D. 限制最小壁厚

15. 一只直径为 100 mm 的铅球,生产 1 000 只时的铸造方法应选用（　　）。

    A. 挖砂　　　　　B. 整模　　　　　C. 分模　　　　　D. 刮板

四、问答题

1. 试述型砂成分的组成及对型砂有哪些基本性能要求。

2. 下列方框图表示砂型铸造生产的全过程,请将空框内的名称填完整。

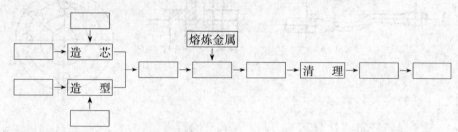

3. 写出铸型装配图上所指部位的名称（1~8）。

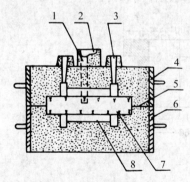

4. 为什么要混砂和筛砂? 造型时为什么要撒分型砂?

5. 试述冒口的作用。

6. 何谓分型面? 确定分型面的原则有哪些?

五、工艺题

1. 标出如图所示铸件的分型面。

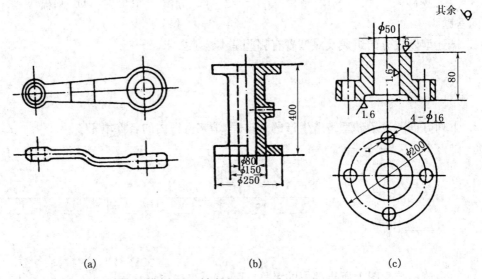

(a)　　　　　　　(b)　　　　　　　(c)

2. 画出如图所示零件的模样图和铸件图。

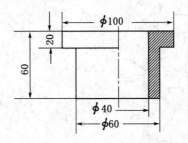

锻压实习报告

日期		成绩	

一、判断题(将判断结果填入括号中。正确的填"√",错误的填"×"。)

( )1. 坯料加热的目的是提高金属的塑性,降低其变形抗力。

( )2. 碳素钢比合金钢容易出现锻造缺陷。

( )3. 拔长时送进量越大,效率就越高。

( )4. 45 钢的锻造温度范围是 800℃～1 200℃。

( )5. 钢的加热速度越快,表面氧化就越严重。

( )6. 加热温度越高,越容易锻造成形,故锻件质量也越好

( )7. 除自由锻造外的其他锻压加工方法都具有较高的生产率。

( )8. 冲压的基本工序分为分离工序和冲孔工序两大类。

( )9. 空气锤的规格是以工作活塞、锤杆加上砧铁的总质量来表示的。

( )10. 双面冲孔时,当冲到工件厚度 3/4 时,应拔出冲子,翻转工件,从反面冲穿。

( )11. 可锻性的好坏,常用金属的塑性和变形抗力两个指标来衡量。

( )12. 锻造时金属加热的温度越高,锻件的质量就越好。

( )13. 平垫圈可以用简单模、连续模或复合模生产,区别在于生产率的不同。

( )14. 空气锤操作灵活,投资小,且能以较小的吨位产生较大的打击力,应大力发展应用。

( )15. 自由锻件所需坯料的质量与锻件的质量相等。

( )16. 机器自由锻的生产效率低,加工精度差,劳动强度大,因此应尽早淘汰。

( )17. 锻件的锻后冷却是决定锻件质量的一个重要条件。

( )18. 可锻铸铁经过加热也是可以锻造成形的。

二、填空题

1. 金属材料通过加热,随着温度的升高其机械性能_____提高,_____降低。

2. 在中小型工厂中,常用的加热炉是_____、_____、_____、_____。

3. 锻件的材料是 45 钢,它的始锻温度是_____,终锻温度是_____。

4. 金属在加热过程中可能产生的缺陷是_____、_____、_____。

5. 锻造实习中使用的空气锤其型号是_____,此型号的含义是_____。

6. 空气锤能完成的基本工序有_____、_____、_____、_____。

7. 机器自由锻的基本工序有_____、_____、_____、_____、_____、_____。

8. 冲孔和落料的加工方法相同,落料冲下的部分是_____,而冲孔冲下的部分是_____,它们和剪切统称为_____。

9. 举出四种经冷冲压加工而成的制品,它们是_____、_____、_____、_____。

10. 模锻件的最后成形是在_____模膛中完成的。

11. 板料冲压中,属于变形工序的有_____、_____、_____。

12. 在实习中使用的空气锤其规格为 65 kg,它是指空气锤_____为 65 kg。

13. 锻件的实际尺寸与其_____之间所允许的偏差叫锻件的公差。

14. 板料冲压一般在冷态下进行,故称为冷冲压,只有当板料厚度超过_____mm 时采用热冲压。

15. 金属材料的塑性越高,其可锻性就_____。

16. 压力加工的方法,除锻造和板料冲压外,还有_____、_____、_____和_____等方式。

17. 板料冲压的主要工序概括起来分为二大类,一为_____工序,二为_____工序,锻压车间在冲床上进行的"切边"工序属于_____工序。

18. 如图所示的零件用自由锻造制取毛坯,其基本工序是_____、_____、_____。

三、选择题(选择正确的答案,将相应的字母填入题内的括号中。)

1. 被镦粗坯料的高度要小于其直径的(   )倍。
   A. 2 以下   B. 2.5～3   C. 3～3.5

2. 采用冲头扩孔适用于锻件外径与内径之比大于(   )的情况。
   A. 1.3   B. 1.5   C. 1.7   D. 2

3. 车间里常用(   )来判别成分不明材料。
   A. 打硬度   B. 火花鉴别   C. 化验

4. 坯料在加热过程中出现过烧缺陷后,其处理方法是(   )。
   A. 热处理   B. 重新加锻造   C. 报废

5. 下列材料中,不能锻造成形的是(   )。
   A. HT200   B. 25 钢   C. LD5

6. 下面哪种钢的可锻性最好(   )。
   A. 45 钢   B. 10 钢   C. 80 钢

7. 当大批量生产 20CrMnTi 齿轮轴时,其合适的毛坯制造方法是(   )。
   A. 铸造   B. 模锻   C. 冲压

8. 在能够完成规定成型工步的前提下,加热次数越多,锻件的质量(   )。

A. 越好　　　　　　　B. 越差　　　　　　　C. 不受影响

9. 普通碳钢中,小型锻件适合于(　　)。

A. 空冷　　　　　　　B. 坑冷或箱冷　　　　C. 炉冷

10. 锻造工人把精锻完的齿轮放在铁桶内而不是放在车间地面上,这是因为(　　)。

A. 方便运输　　　　B. 减缓齿轮冷却速度　　　　C. 希望使车间内整洁

11. 冲裁模的凸模和凹模均有(　　)。

A. 锋利的刃口　　　B. 圆角过渡　　　C. 负公差

12. 下列工件中,适合于自由锻的是(　　),适合于板料冲压的是(　　),适合于铸造的是(　　)。

A. 减速箱体　　　　B. 电器箱柜　　　C. 车床主轴

13. 拉深模的凸模与凹模间的单边间隙应该(　　)。

A. 近似为零　　　B. 大于板料厚度　　　C. 略小于板料厚度

14. 大批量生产精密锻件时,坯料加热方法应优先采用(　　)。

A. 燃煤炉　　　　　B. 重油炉　　　　C. 电感应加热炉

15. 拔长时,坯料送进量 L 应是砧铁宽度 B 的(　　)。

A. 0.3 以下　　　B. 0.3～0.7　　　C. 0.7 以上

四、问答题

1. 锻造前为什么要对坯料加热?

2. 冲孔前为什么有时要先将坯料镦粗?

3. 举出几件用锻造和冷冲压方法生产的零件、毛坯,说明采用此种方法的理由?

4. 简述锻造与铸造相比的优缺点。

5. 试比较齿轮在自由锻、胎模锻、模锻时有哪些不同?

6. 自行车上的钢圈、链轮、三通管经过哪些工序制成？

7. 用以下三种方法制成的齿轮毛坯，哪种较好，说明理由。
　(1) 用等于齿坯直径的圆钢切割得到的圆饼状齿坯；
　(2) 用等于齿坯直径的钢板切割得到的圆饼状齿坯；
　(3) 用小于齿坯直径的圆钢镦粗得到的圆饼状齿坯。

五、工艺题
　列出图示羊角锤机器自由锻的生产工艺过程。

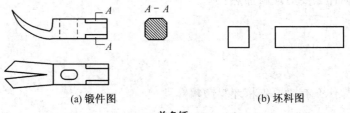

(a) 锻件图　　　　　　　　　　　　　　　　(b) 坯料图

羊角锤

序号(包括火次)	加工简图	操作内容及方法

焊接实习报告

日 期		成绩	

一、判断题(将判断结果填入括号中。正确的填"√",错误的填"╳"。)

(   )1. 焊条直径越粗,选择的焊接电流应越大。

(   )2. 低碳钢和低合金结构钢是焊接结构的主要材料。

(   )3. 在焊接过程中,焊接速度一般不作规定,由焊工根据经验来掌握。

(   )4. 一般情况下焊件越厚,选用的焊条直径越粗。

(   )5. 焊条越粗,选择的焊接电流越小 。

(   )6. 焊接时冷却速度越快越好 。

(   )7. 焊条药皮中合金剂的作用是向焊缝中渗合金。

(   )8. 气焊较电弧焊火焰温度低,加热缓慢,焊接变形大 。

(   )9. 气焊时发生回火,应先关掉氧气开关 。

(   )10. 气焊时被焊工件越薄,工件变形越大 。

(   )11. 气焊时如发生回火,首先应立即关掉乙炔阀门,然后再关闭氧气阀门。

(   )12. 因为气焊的火焰温度比电弧焊低,故焊接变形小。

(   )13. 焊接 4～6 mm 的钢板,选用 2 mm 的焊条就可以。

(   )14. 在常用金属材料中,低碳钢是容易气割的。

(   )15. 点焊及缝焊都属于电弧焊。

(   )16. 焊接不锈钢件只能用氩弧焊。

(   )17. 压力焊只需加压,不必加热。

二、选择题(选择正确的答案,将相应的字母填入题内的括号中。)

1. 手工电弧焊时,正常的电弧长度(   )。
   A. 等于焊条直径   B. 大于焊条直径   C. 小于焊条直径

2. 焊接构件中应用最多的接头形式是(   )。
   A. 角接   B. 对接   C. 搭接   D. 角接

3. 用气焊焊接低碳钢构件时,一般采用(   )。
   A. 氧化焰   B. 碳化焰   C. 中性焰

4. 一般气焊火焰的最高温度比电焊电弧火焰的最高温度(   )。
   A. 高   B. 低   C. 相等

5. 焊接过程中减少熔池中氢、氧等气体含量的目的是为了防止或减少产生(   )。
   A. 气孔   B. 夹渣   C. 咬边   D. 烧穿

6. 加热时间愈长,焊件变形(   )。
   A. 愈大   B. 愈小   C. 不变

7. 酸性电焊条是指药皮中酚性氧化物与碱性铲化物之比(   )。

A. 大于 1　　　　　　B. 小于 1　　　　　　C. 等于 1

8. 气焊时中性焰的最高温度可达（　　）。

　　A. 3 050℃～3 150℃　B. 3 160℃～3 300℃　C. 2 700℃～3 000℃

9. 焊缝宽度主要取决于（　　）。

　　A. 焊接速度　　　　　B. 焊条直径　　　　　C. 焊接电流

10. 焊条药皮的主要作用是（　　）。

　　A. 改善焊接工艺性　B. 起机械保护作用　C. 冶金处理作用

11. 焊接变形的原因是（　　）。

　　A. 焊接时焊件上温度分布不均匀而产生了应力

　　B. 焊接速度过快

　　C. 焊接电流过大

12. 下列材料不能进行氧—乙炔气割的是（　　）。

　　A. Q235　　　　　　B. HT200　　　　　　C. 20 钢

13. 车刀上的硬质合金刀片是用（　　）方法焊接在刀杆上的。

　　A. 电弧焊　　　　　B. 钎焊　　　　　　　C. 氩弧焊

14. 焊接不锈钢构件，应采用（　　）。

　　A. 氧—乙炔气焊　　B. 钎焊　　　　　　　C. 氩弧焊

15. 铝及铝合金材料的切割，应采用（　　）。

　　A. 氧—乙炔气割　　B. 等离子切割　　　　C. 手工电弧焊切割

三、问答题

1. 焊接两块厚度为 5 mm 的钢板（对接），有下列两种方案，试分析其中哪一种为优。

　　方案一：清理→装配→点固→焊接→焊后清理。

　　方案二：清理→装配→焊接→焊后清理。

2. 焊件为什么常采用 Q235（A3），20，30，16 Mn 等材料？

3. 弹簧断了能否焊接,为什么?

4. 比较手工电弧焊和气焊的特点和用途。举出手工电弧焊和气焊的焊接实例。

5. 写出三种氧—乙炔焰的名称、性质和应用范围。

名　称	火焰性质	应用范围

6. 写出如图所示的焊接结构件中,各焊缝的空间位置和接头形式(构件不得翻转)。

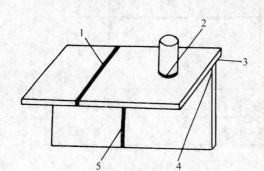

序　号	焊缝位置	接头形式
1		
2		
3		
4		
5		

7. 简单叙述你在焊接实习中所采用的安全措施。

焊接操作实习报告

班级		学号		姓名		成绩	

报告内容:手工电弧焊工艺

焊机型号		焊条牌号		工件	材料	
					厚度	

手工电弧焊电源电气接线图

```
                    ┌─────────────┐  +      焊接电缆
                    │             │────────────────────┐
                    │             │                    │
   接电网           │  手工电弧焊机 │                    ▮ 焊条
                    │             │                  ┌─────────┐
                    │             │  −               │         │
                    └─────────────┘────────────────  └─────────┘
                                                        工件
```

焊接接头坡口图

```
  ┌────────────┐      ┌──────────────┐ │        ↑
  │            │      │              │ │        │ 1~6
  │            │      │              │ │        ↓
  └────────────┘      └──────────────┘ │
              0~2
```

焊接参数	焊接电流1		焊接电流2		焊接电流3	
	电弧电压1		电弧电压2		电弧电压3	

不同参数焊接的结果分析	电弧的稳定性	
	焊缝外观成形	
	焊透与咬边	
	焊缝中的气孔	
	飞溅	

备注:

报告时间:　　　年　　月　　日

钳工实习报告(1)

(1) 划线、锯切、锉削、钻孔、扩孔、铰孔和螺纹加工

日期		成绩	

一、判断题(将判断结果填入括号中。正确的填"√",错误的填"×"。)

( )1. 划线是机械加工的重要工序,广泛用于成批和大量生产。

( )2. 为了使划出的线条清晰,划针应在工件上反复多次划线。

( )3. 选择划线基准时,应尽量使划线基准与图纸上的设计基准一致。

( )4. 打样冲眼可以使划出的线条留下位置标记,所以工件上只要有划线就应打出样冲眼,而且要深些。

( )5. 正常锯切时,锯条返回仍需加压,但要轻轻拉回,速度要慢。

( )6. 锯切时,一般手锯往复长度不应小于锯条长度的2/3。

( )7. 锯切时,只要锯条安装正确,就能够顺利地进行锯切。

( )8. 锯切操作分起锯、锯切和结束三个阶段,而起锯时,压力要小,往复行程要短,速度要快。

( )9. 锯切圆管在管壁将被锯穿时,圆管应转一个角度,继续锯切,直至锯断。

( )10. 锉削时,发现锉刀表面被锉屑堵塞应及时用手除去,以防止锉刀打滑。

( )11. 工件毛坯是铸件或锻件,可用粗锉直接锉削。

( )12. 丝锥切削部分切入底孔后,可将丝锥一直旋转到孔底把螺纹全部攻出。

( )13. 麻花钻头主切削刃上各点的前角大小相等。

( )14. 钻孔时吃刀深度 a_P 和车工加工外圆的吃刀深度的计算相同。

( )15. 攻盲孔螺纹时,由于丝锥不能攻到孔底,所以钻孔深度应大于螺纹深度。

( )16. 为了延长丝锥的使用寿命并提高螺纹的精度,攻丝中应使用冷却液。

( )17. 扩孔也就是扩大已加工出的孔。

( )18. 钻深孔时,钻头应经常退出排屑,防止切屑堵塞,卡断钻头。

( )19. 装拆钻头时,可用扳手、手锤或其他东西来松、紧夹头。

( )20. 机铰孔时,铰刀铰完孔后,应停车把铰刀从孔中拉出。

( )21. 机铰通孔时,铰刀修光部分不能露出孔外,否则铰刀退出时会将孔划坏。

( )22. 丝锥攻丝时,除了切削金属外,还对金属有挤压作用,所以螺纹底孔直径应等于螺纹内径。

二、填空题

1. 钳工的操作包括_____、_____、_____、_____、_____、_____、_____、_____、_____等。

2. 划线分为_____和_____两种。常用划线基准是_____，有孔有面时划线基准选择_____、_____、_____。

3. 立体划线一般要在_____、_____、_____三个方向上进行。

4. 对偏重的和形状复杂的大型工件，尽可能采用_____支承，必要时可增设_____支承，以分散_____，保证_____。

5. 锯切速度以每分钟往复_____次为宜，锯软材料时，速度可_____些。锯硬材料时，速度可_____些。

6. 安装锯条时应注意_____、_____、_____。

7. 粗齿锯条适用于锯割_____材料或_____的切面，细齿锯条适用于锯割_____材料或断面_____的工件，锯割管子和薄板，必须用_____锯条。

8. 锉刀一般分为_____、_____和_____三种，普通锉按其断面形状可分为_____、_____、_____、_____、_____等五种。

9. 锉刀用优质_____制成，经过热处理后，切削部分硬度达 HRC_____，其锉纹有_____纹和_____纹两种。

10. 常用的钻床有_____、_____和_____等三种。

11. 麻花钻头一般用_____制成，工作部分硬度达 HRC_____，麻花钻头由_____、_____及_____构成。钻削用量包括_____、_____、_____。

12. 铰孔时应注意_____。

13. 一套丝锥有_____个或_____个，它们之间主要的区别是_____。

14. 攻普通螺纹时，底孔直径 d_0 的确定，在钻钢材时，其经验公式是_____；在钻铸铁时，其经验公式是_____；攻盲孔螺纹时，钻孔深度的经验公式是_____。

三、选择题（选择正确的答案，将相应的字母填入题内的括号中。）

1. 经过划线确定加工时的最后尺寸，在加工过程中应通过（　　）来保证尺寸的准确度。
   A. 测量　　　　　　B. 划线　　　　　　C. 加工

2. 在零件图上用来确定其他点、线、面位置的基准称为（　　）。
   A. 设计基准　　　　B. 划线基准　　　　C. 定位基准

3. 根据零件图决定划线基准时，应选用图纸中（　　）。
   A. 最大尺寸端所在的平面　　　　B. 工件上面积最大的平面
   C. 工件上任意孔的中心线　　　　D. 尺寸标注的基准平面或线

4. 一般起锯角应（　　）。
   A. 小于 $15°$　　　B. 大于 $15°$　　　C. 等于 $15°$　　　D. 任意

5. 平板锉的主要工作面，指的是（　　）。
   A. 锉齿的上下面　　B. 两个侧面　　　　C. 全部表面

6. 平板锉的加工范围包括（　　）。
   A. 圆孔、方孔　　　B. 内曲面　　　　　C. 平面、斜面、外曲面

7. 锉削速度为（　　）。
   A. 80 次/分钟　　　B. 40 次/分钟　　　C. 20 次/分钟

8. 锯切厚件时应选用(   )。
   A. 粗齿锯条   B. 中齿锯条
   C. 细齿锯条   D. 任何锯条

9. 锉削余量较大平面时,应采用(   )。
   A. 顺向锉   B. 交叉锉   C. 推锉   D. 任意锉

10. 锯切薄壁圆管时应采用(   )。
    A. 一次装夹锯断
    B. 锯到圆管当中翻转 180°,二次装夹后锯断
    C. 每锯到圆管内壁时,将圆管沿推锯方向转过一角度,装夹后逐次进行锯切
    D. 每锯到圆管内壁时,将圆管沿推锯方向反转过一个角度,装夹后逐次进行锯切

11. 锉削铜、铝等软金属材料时,应选用(   )。
    A. 细齿锉刀   B. 什锦锉刀
    C. 粗齿锉刀   D. 油光锉刀

12. 手用锯条制造成型后,刃部淬硬制成的。一般情况下,它常用的材料是(   )。
    A. 优质低碳钢   B. 碳素工具钢
    C. 合金工具钢   D. 高速钢
    E. 硬质合金

13. 锯条安装过紧或过松,用力过大,锯条易发生(   )。
    A. 崩齿   B. 折断   C. 磨损过快   D. 卡住

14. 锯条安装过松或扭曲,锯切后工件会出现(   )的现象。
    A. 尺寸不对   B. 锯缝歪斜
    C. 锯痕多   D. 表面粗糙

15. 大型工件、多孔工件上的各种孔加工,一般选用(   )。
    A. 立式钻床   B. 台式钻床   C. 摇臂钻床   D. 手钻

16. 在没有孔的工件上进行孔加工应选用(   )。
    A. 铰刀   B. 扩孔钻   C. 麻花钻   D. 锪钻

17. 钻孔时,孔径扩大的原因是(   )
    A. 钻削速度太快   B. 钻头后角太大
    C. 钻头两条主切削刃长度不等   D. 进给量太大

18. 钻头直径大于 13 mm 时,柄部一般做成(   )。
    A. 直柄   B. 锥柄   C. 直柄和锥柄都可以

19. 磨削后的钻头,两条主切削刃不相等时,钻孔直径(   )钻头直径。
    A. 等于   B. 大于   C. 小于

20. 攻丝是用(   )加工内螺纹的操作。
    A. 板牙   B. 锪钻   C. 丝锥   D. 铰刀

21. 在钢和铸铁工件上加工同样直径的内螺纹,钢件的底孔直径比铸铁的底孔直径(   )。
    A. 稍大   B. 稍小   C. 相等

22. 螺纹相邻两牙在螺纹中径线上对应两点间的轴向距离叫(   )。
    A. 导程   B. 螺距   C. 导程或螺距

23. 手用丝锥中,头锥和二锥的主要区别是(　　)。

  A. 头锥的锥度较小   B. 二锥的切削部分较长

  C. 头锥的不完整齿数较多   D. 头锥比二锥容易折断

24. 用扩孔钻扩孔与用麻花钻扩孔的主要区别是(　　)。

  A. 没有横刃   B. 主切削刃短

  C. 容屑槽小   D. 钻芯粗大,刚性好

25. 机铰时,要在铰刀退出孔后再停车是为了防止(　　)。

  A. 铰刀损坏   B. 孔壁拉毛   C. 铰刀脱落   D. 孔不圆

26. 沉头螺孔的加工,可采用(　　)。

  A. 钻   B. 扩   C. 铰   D. 锪

四、问答题

1. 以手工操作为主的钳工,为什么在现代机械化生产中还得到广泛应用?

2. 划线的作用是什么?有哪些划线工具?

3. 什么是锯路?其作用是什么?锯路有几种形状?

4. 如何选择锯条、锯齿的粗细?锯齿崩落和折断的原因是什么?

5. 锉刀按截面形状可分为哪几种？按锉刀齿纹的粗细又分为哪几类？

6. 选择锉刀的原则是什么？

7. 锉削平面时，产生中凸的原因是什么？如何防止？

8. 在钻孔时应注意哪些安全问题？

9. 钻孔时轴线容易偏斜的原因是什么？

10. 攻不通孔时，为什么丝锥不能攻到底，怎样确定钻孔的深度？

11. 在攻丝操作时应注意哪几点？如丝锥断了怎样取出？

五、计算题

1. 在钻床上钻 $\phi 20$ mm 的孔，选择转速 $n = 500$ r/min，求钻削时的切削速度。

2. 在 45 钢的工件上钻 $\phi 10$ mm 的孔，如采用 20 m/min 的切削速度，试计算 n，a_p 是多少？

3. 分别在 45 钢和铸铁上攻 M12 的螺纹，试求底孔直径。

钳工实习报告(2)

(2) 刮削、研磨、装配、拆卸和钳工工艺

日期		成绩	

一、判断题（将判断结果填入括号中。正确的填"√"，错误的填"×"。）

（　）1. 刮削平面的方法有挺刮式和手刮式两种。

（　）2. 粗刮时，刮削方向应与切削加工的刀痕方向一致，各次刮削方向不应交叉。

（　）3. 研磨时的压力和速度会影响工件表面的粗糙度。

（　）4. 所有研磨剂在研磨中，既产生物理作用，又产生化学作用。

（　）5. 只要零件的加工精度高，就能保证产品的装配质量。

（　）6. 所谓互换性就是零件可以任意调换。

（　）7. 完全互换法使装配工作简单、经济且生产效率高。

（　）8. 用螺栓、螺钉与螺母连接零件时，贴合面应平整光洁，否则螺纹易松动。

（　）9. 钳工的主要任务是加工零件及装配调试、维修机器等。

（　）10. 在装配连接中，平键不但起径向固定的作用，还用来传递扭矩。

（　）11. 滚动轴承内孔与轴承配合的松紧程度由内孔尺寸精度来保证。

（　）12. 成组螺纹连接时，螺钉或螺母拧紧顺序应该是一个接一个进行。

（　）13. 滚动轴承内孔与轴配合的松紧程度由内孔尺寸公差来保证。

（　）14. 对管螺纹及连接的主要要求是密封性和可旋入性。

（　）15. 轴承装配在轴上时，应使用铜棒将轴承敲到轴上即可。

（　）16. 过盈量较大的过盈配合，可用压力机将零件压入配合件上。

（　）17. 拆卸机器零件顺序应与装配相同，先装先拆，后装后拆。

（　）18. 成套加工或不能互换的零件拆卸时，应做好标记，以防再装时装错。

二、填空题

1. 用_____在工件表面刮去_____的金属以提高工件加工和配合_____的操作叫刮削。

2. 刮刀分为_____和_____两种，刮刀的材料一般由_____和_____锻制而成。

3. 研磨剂是由_____和_____混合而成。

4. 研磨是精密加工方法之一，尺寸精度可达_____mm，表面粗糙度 R_a 值可达_____μm。

5. 装配机器是以某一零件为_____，将其他零件_____构成"组件"，然后_____构成部件，最后

_____总装成机器。

6. 装配方法主要有_____、_____、_____、_____,零件的连接方法
   有_____和_____。

7. 常用拆卸工具有:_____、_____、_____、_____、
   _____、_____、_____。

8. 拆卸顺序是先_____后_____,先_____后_____,依次进行。

9. 拆卸零件时,为防止损坏零件,避免用_____敲击零件,可用_____或_____
   敲击或用_____垫在零件上敲击。

三、**选择题**(选择正确的答案,将相应的字母填入题内的括号中。)

1. 机械加工后留下的刮削余量不宜太大,一般为(　　　)。
   A. 0.05~0.4 mm   　　B. 0.3~0.4 mm   　　C. 0.04~0.05 mm

2. 进行细刮时研磨后,显示出有些发亮的研合点应(　　　)。
   A. 重些刮   　　　　　B. 轻些刮   　　　　　C. 不轻不重地刮

3. 标准平板是检验、划线及刮削中的(　　　)。
   A. 基本工具   　　　　B. 基本量具   　　　　C. 一般工具

4. 可拆卸连接是(　　　)。
   A. 焊接   　　　　　　B. 螺纹   　　　　　　C. 压合   　　　　　　D. 铆接

5. 装配中的修配法适用于(　　　)。
   A. 单件生产   　　　　　　　　　　　　B. 小批生产
   C. 成批生产   　　　　　　　　　　　　D. 大批生产

6. 滚动轴承内孔与轴的配合一般采用(　　　)。
   A. 过盈配合   　　　　　　　　　　　　B. 间隙配合
   C. 过渡配合   　　　　　　　　　　　　D. 任意配合

7. 轴承和长轴的配合过盈较大时,装配时应采用(　　　)。
   A. 用大锤敲入为好
   B. 轴承放在热油中加热后压入为好
   C. 用大吨位压力机压入为好
   D. 长轴放入干冰中冷却后压入为好

8. 在同类零件中任取一个零件,不需修配即可用来装配,且能达到规定的装配要求,
   称(　　　)。
   A. 修配法   　　　　　　　　　　　　　B. 选配法
   C. 完全互换法   　　　　　　　　　　　D. 调整法

9. 以下(　　　)是属于装配连接方法中的可拆卸连接。
   A. 铆钉   　　　　　B. 焊接   　　　　　C. 键   　　　　　D. 过盈

10. 为防止螺钉、螺母在工作时产生松动,以下连接没有防松装置的是(　　　)。
    A. 弹簧垫圈   　　　　　　　　　　　　B. 双螺母
    C. 平垫圈   　　　　　　　　　　　　　D. 止退垫圈

11. 过盈配合装配,当轴类零件的相配件很大时,可采用(　　　)方法进行。
    A. 手锤敲入   　　　　　　　　　　　　B. 压力机压入
    C. 红套套入   　　　　　　　　　　　　D. 干冰冷却轴类零件

四、问答题

1. 刮削的作用是什么？如何选择刮削方法？

2. 研磨常用哪些磨料？对研具材料有什么要求？

3. 什么叫做组件装配？什么叫部件装配？它们与总装配有什么关系？

4. 主轴直径稍大于滚珠轴承孔径，要求装入轴承孔时，用何种方法？

5. 螺纹连接有哪些形式？如在交变负荷和振动情况下使用，有哪些放松措施？

五、工艺题

1. 试编订法兰零件的钳工加工工艺过程和加工步骤以及需要的所有工具、设备及工量具。法兰见题图所示，材料 Q235，坯料为直径 120 mm、厚度 10 mm 的光坯。

序　号	工艺内容及技术要求	设备及工量具
1		
2		
3		
4		
5		

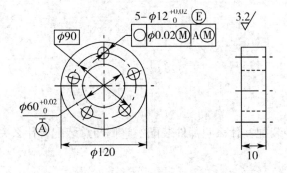

车工实习报告(1)

(1) 车削加工基础知识

日 期		成 绩	

一、判断题(将判断结果填入括号中。正确的填"√",错误的填"×"。)

( )1. 切削加工时,由于机床不同,主运动也不同。主运动可以是一个或几个。

( )2. 切削速度是车床主运动的线速度。

( )3. 车床主轴转速加快时,刀具走刀量不变。

( )4. 切削速度就是指机床转速。

( )5. 切削速度是以每分钟的切削长度来表示的。

( )6. 机床转速减慢,进给量加快,可使工件表面光洁。

( )7. 加工余量的分配与工序性质有关。一般粗加工时余量大,精加工时余量小。

( )8. 圆柱塞规长的一端是止端,短的一端是通端。

( )9. 千分尺又称分厘卡(螺旋测微器),可以测量工件的内径、外径和深度等。

( )10. 工厂中广泛采用基孔制的主要原因是孔比轴难加工。

( )11. 车床上不能绕制弹簧。

( )12. 为了使测出毛坯的尺寸精确些,可采用游标卡尺测量。

( )13. 用百分表测量工件的长度,能得到较精确的数值。

( )14. 工件的表面粗糙度是切削过程中的振动、刀刃或磨粒摩擦留下的加工痕迹。

( )15. 为了提高车床主轴的强度,主轴一般为实心轴。

( )16. 方刀架用来安装车刀,最多可以同时安装 4 把车刀。

( )17. 更换光杆和丝杆传动是通过离合器来实现的。

( )18. 零件表面粗糙度数值越高,它的表面越粗糙。

( )19. 为了确保和提高零件的工作性能,要求零件的尺寸公差越小越好,这样才能体现出我们的设计水平。

( )20. 主轴箱的作用是把电动机的转动传递给主轴,以带动工件作旋转运动。改变主轴箱和变速箱控制手柄位置,可以使主轴获得多种转速。

二、填空题

1. 车工是机加工的主要工种,常用于加工零件的_____表面。

2. 车床是利用工件的_____运动和刀具相对工件的_____运动来完成切削加工的。前者叫_____运动,后者叫_____。

3. 普通车床上可完成_____、_____、_____、_____、_____、_____、_____、_____等的加工。

4. 车床刀架做成多层结构,由_____拖板、_____拖板、转盘、_____拖板和方刀架组成。

5. 刀架是用来夹持车刀,并使其作_____、_____或_____进给运动的。

6. 切削用量三要素是指_____、_____和_____。

7. 通过光杆或丝杠,将进给箱的运动传给_____,自动进给时用_____杆,车削螺纹时用_____杠。

8. 主轴前端的内锥面用来安装_____,外锥面用来安装_____等附件。

9. 国家标准规定尺寸精度分为____级,每级以 IT 后面加数字表示,数字越大,其精度越_____。

10. 机械加工中常用的量具有_____、_____、_____和_____等。

11. 百分表主要用来检测工件的_____和_____,还用于机械加工安装中的_____。

12. 检测表面粗糙度 R_a 数值,可采用_____法和_____法。

13. 切削用量的合理选择,有利于提高_____,提高_____,延长_____。

三、选择题(选择正确的答案,将相应的字母填入题内的括号中。)

1. 普通车床上加工零件一般能达到的公差等级为 ( )。
   A. IT5～IT3　　　　B. IT11～IT6　　　　C. IT10～IT8

2. 车削加工表面粗糙度 R_a 的数值一般能达到( )μm。
   A. 25～12.5　　　B. 12.5～0.8　　　C. 3.2～1.6　　　D. 1.6～0.4

3. 形位精度中表示位置度的符号是 ( )。
   A. ⌒　　　　　　B. ⌓　　　　　　C. ⊥

4. 车削加工时,如果需要更换主转速,应( )。
   A. 先停车,再变速　　B. 工件旋转时直接变速　　C. 点动开关变速

5. 在普通车床上主要加工( )。
   A. 带凸凹的零件　　　B. 盘、轴、套类零件　　　C. 平面零件

6. 安装车刀时,刀杆伸出的适当长度应为( )。
   A. 刀杆总长的 1/2　　　　　　　　B. 刀杆厚度的 1.5～2 倍
   C. 伸出刀架 5 mm　　　　　　　　D. 任意伸长

7. 车削工件时,横向吃刀深度的调整方法是( )。
   A. 刻度圈直接退转到所需刻度
   B. 转动刀架向左偏移一定量
   C. 相反方向退回全部空行程,然后再转到所需刻度

8. 切削加工时,在工件上有( )个不断变化的表面。
   A. 1　　　　　　B. 2　　　　　　C. 3　　　　　　D. 4

9. 车床的种类很多,其中应用最广的是( )。
   A. 立式车床　　　B. 卧式车床　　　C. 仪表车床　　　D. 自动车床

10. 检验成批和大量生产的零件尺寸时,使用( )测量较为方便。
    A. 游标卡尺　　　B. 卡钳　　　C. 千分尺　　　D. 塞规、卡规

11. 在切削液中,润滑作用最好的是( )。

　　A. 水　　　　　　B. 乳化液　　　　　　C. 切削油　　　　　D. 水+乳化液

12. 工件的表面粗糙度 R_a 值越小,则工件的尺寸精度(　　)。

　　A. 越高　　　　　B. 越低　　　　　　C. 不一定

13. 车床变速箱内主轴变速由(　　)实现。

　　A. 齿轮　　　　　B. 链轮　　　　　　C. 皮带轮　　　　　D. 蜗轮

14. 读数准确度为 0.01 mm 的百分表,当测量头与齿杆向上或向下移动 1 mm 时,通过
    传动齿轮带动大指针转(　　)圈。

　　A. 1/100　　　B. 1/10　　　　　C. 1　　　　　　　D. 10

15. 车床通用夹具能自动定心的是(　　)。

　　A. 四爪卡盘　　　B. 三爪卡盘　　　　C. 花盘

16. 1/50 mm 的游标卡尺刻度线是以(　　)。

　　A. 主尺 9 格对副尺 10 格　　　　B. 主尺 19 格对副尺 20 格

　　C. 主尺 49 格对副尺 50 格

四、问答题

1. 车削加工时能达到的尺寸公差等级和表面粗糙度 R_a 值各为多少?

2. 什么是主运动和进给运动? 并举例说明。

3. 形状精度与位置精度各有哪些项目? 请在下表中填写各项目相应的标识符号。

分　类	项　目	符　号	分　类		项　目	符　号
形状公差	直线度		位置公差	定向	平行度	
	平面度				垂直度	
	圆　度				倾斜度	
	圆柱度			定位	同轴度	
	线轮廓度				对称度	
	面轮廓度				位置度	
				跳动	圆跳动	
					全跳动	

4. 进给箱的作用是什么?

5. 加大切深时,如果刻度盘多转了 3 格,校正时再退回 3 格,是否可以? 为什么? 试加以分析说明。

6. 车床尾座的作用是什么?

7. 简述精度为 0.02 mm 的游标卡尺测量工件尺寸的原理。

8. 怎样正确使用和保养量具?

车工实习报告(2)

(2) 普通车床、车刀和车削的基本工作

日期		成绩	

一、判断题(将判断结果填入括号中。正确的填"√",错误的填"×"。)

( )1. 车刀在切削工件时,使工件产生已加工表面、过渡表面和待加工表面。

( )2. 在车床上可以车削出各种以曲线为母线的回转体表面。

( )3. 车床的切削速度选得越高,则所对应转速一定越高。

( )4. 车刀的副切削刃一般不担负切削任务。

( )5. 粗车时,往往采用大的背切刀量(切削深度)、较大的进给量和较慢的转速。

( )6. 换向手柄主要改变主轴运动方向。

( )7. 要改变切屑的流向,可以改变车刀的刃倾角。

( )8. 钨钛钴类硬质合金硬度高,耐磨、耐热性好,可以加工各种工件材料。

( )9. 车刀的主偏角越大,径向力反而越小。

( )10. 车刀的角度是通过刃磨三个刀面得到的。

( )11. 车削时要注意安全,必须戴好手套,穿合适的工作服,女同学还要戴好工作帽。

( )12. 外圆加工时,分别采用 45°偏刀和 90°偏刀,吃刀深度不变的情况下,它的切削宽度相同。

( )13. 车削外圆面时车刀刀杆应与车床轴线平行。

( )14. 切断刀有两个副偏角。

( )15. 普通车床上加工小锥角工件时,往往都采用尾架偏移法。

( )16. $\phi20^{0}_{-0.02}$ 与 $\phi20^{+0.14}_{+0.12}$ 中,前者公差小,后者公差大。

( )17. 主偏角大,径向力增大,主偏角小,径向力减少。

( )18. 切断时,吃刀深度 a_p 等于切断刀刀刃宽度。

( )19. 切削时产生的积屑瘤对刀刃起保护作用。

( )20. 车刀刃倾角的主要作用是控制切屑流向。

( )21. 切削速度是车床主运动的线速度。

( )22. 车刀断屑槽的作用是使切屑本身产生内应力,强迫切屑变形而折断。

二、填空题

1. 常用刀具材料种类有_____、_____、_____、_____ 等。

2. 型号 C6136 机床,其中 C 表示_____,6 表示_____,1 表示_____,36 表示_____,能加工的最大工件直径为_____,工件最长可达_____。

3. 车床的加工范围为_____、_____、_____、_____、_____、_____、_____、_____ 等。

4. 车刀由_____和_____两部分组成。

5. 精加工时为了避免切屑划伤已加工表面，λ_s 应取_____或_____，粗加工或切削较硬的材料时_____，为了提高刀头强度，λ_s 可取_____。

6. 安装车刀时，刀尖应对准工件的_____。

7. 用顶尖装夹工件时，工件两端面必须先_____。

8. 车削外圆锥面的方法有_____、_____、_____、_____。

9. 普通车床上加工内孔的方法有_____、_____、_____、_____。

10. 车削细长轴类零件，为减少径向切削分力，应取_____的主偏角（κ_r），为了提高刀具耐用度，粗加工外圆时应取_____主偏角（κ_r）。

11. YG 表示_____类硬质合金，适合加工_____材料，如_____。YT 表示_____类硬质合金，适合加工_____材料，如_____。

12. 在车床上镗孔，即可以用于粗加工，也可以用于_____加工，镗孔能较好地纠正原孔的_____。孔的精度能达到_____；表面粗糙度 R_a 值一般可达_____μm。

13. 三爪卡盘又称自动_____卡盘，当扳手插入圆柱表面上任一方孔转动时，三个卡爪同时做_____移动，通常用来夹持_____形工件或_____形工件。

14. 外圆车削一般分粗车和精车两种。粗车就是尽快切去毛坯上的大部分_____，但得留有一定的_____余量。粗车的切削用量较大，故粗车刀要有足够的_____，以便能承受较大的_____。

15. 在车床上切断工件时，切刀必须伸入工件内部，造成_____条件差，_____困难，切断刀很容易折断，所以应该降低_____和减少_____。

16. 前角 γ 的大小取决于_____、_____、_____等情况。

17. 零件的机械加工精度包括_____、_____、_____和_____等。

18. 在车床上车削长度较长且锥度较小的锥面时，可采用_____尾座法。该法要求把工件装在_____上，将尾座_____向偏移一定距离，使工件_____轴线与车床_____线的交角等于工件锥面的_____角，当车刀_____向进给时，就可以车出所需的锥面。

19. 按图示刀具和车床上的位置，标出相应名称：

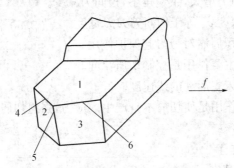

三、选择题（选择正确的答案，将相应的字母填入题内的括号中。）

1. 精加工铸铁工件应选用（　　）车刀。
   A. YG3　　　　B. YG8　　　　C. YT5　　　　D. YT30

2. 用高速钢车刀车削钢件时,其前角可取( )。
   A. — 10°   B. 0°   C. 15°～25°   D. 25°～35°

3. 用硬质合金车刀车削钢件时,因硬质合金性脆,前角一般取( )。
   A. — 5°   B. 0°   C. 5°～15°   D. 25°～30°

4. 刃磨硬质合金钢车刀时,发热后应该( )
   A. 在水中冷却   B. 在空气中冷却   C. 在油中冷却   D. 不冷却

5. 车刀前角的主要作用是( )。
   A. 使刀刃锋利,减少切削变形   B. 改善刀具散热状况
   C. 控制切屑的流向

6. 在切削平面内,主切削刃与基面之间的夹角为刃倾角,当刀尖位置处于刀刃上最低
   点时,刃倾角为( )。
   A. 正值   B. 零   C. 负值

7. 车削锥角大,长度较短的锥体工件时常用( )。
   A. 转动小拖板   B. 偏移尾座   C. 靠模车削

8. 车刀刃倾角的大小取决于( )。
   A. 切削速度   B. 工件材料
   C. 粗或精加工类型   D. 背切刀量(切削深度)和进给量

9. 粗车碳钢,应选用的车刀材料是( )。
   A. YG3   B. YG8   C. YT5   D. YT30

10. 对正方形棒料进行切削加工时,最方便而且可靠的装夹辅具是( )。
    A. 三爪卡盘   B. 花盘   C. 两顶尖
    D. 四爪卡盘   E. 鸡心夹头加拨盘

11. 夹头的种类很多,其中夹持力最强的是( )。
    A. 三爪卡盘   B. 四爪卡盘   C. 鸡心夹头   D. 套筒夹头

12. 车削端面产生振动的原因是( )。
    A. 刀尖钝化   B. 切削接触面太大
    C. 车床主轴或刀架松动   D. 以上均有可能

四、问答题

1. C6136 型车床的传动方法有哪些?

2. 车刀有哪几个主要角度? 这些角度的作用是什么?

五、计算题

车削外圆柱面,已知工件转速 $n=320$ r/min,车刀的纵向移动量为 0.2 mm/r,毛坯直径为 $\phi100$ mm,走刀一次后直径为 $\phi90$ mm,求 v,a_p 为多少?

车工实习报告(3)

(3) 工件的装夹和基本车削加工

日期		成绩	

一、判断题(将判断结果填入括号中。正确的填"√",错误的填"×"。)

( )1. 用三爪卡盘夹住轴类零件,另一端用顶尖顶住,三爪卡盘夹住的毛坯部分越长越好。

( )2. 粗车时,车刀的切削部分要求承受很大的切削力,因此要选择较大的前角。

( )3. 切断刀刃磨和安装应有两个对称的副偏角、副后角和主偏角。

( )4. 莫氏圆锥是国际标准。

( )5. 花盘一般直接安装在车床卡盘上。

( )6. 大批量生产中常用转动小拖板法车圆锥面。

( )7. 车削外圆时,背切刀量(切削深度)和进给量不变,分别采用45°偏刀和90°偏刀,其切削宽度是一样的。

( )8. 车外圆时车刀中心略高略低都可以,而车圆锥和实心端面时车刀刀尖必须严格等于车床中心高。

( )9. 车端面时,车刀从工件的圆周表面向中心走刀比由中心向外走刀得到的表面粗糙度要高。

( )10. 采用一夹一顶装夹工件,适用于安装工序多、精度要求高的工件。

( )11. 车圆锥面,只要圆锥面的尺寸精度、形位精度和表面粗糙度符合图纸要求,则为合格品。

( )12. 车刀车端面时,采用同一转速,其切削速度保持不变。

( )13. 车端面时,车刀从工件的圆周表面向中心走刀必会产生凹面。

( )14. 车外圆时也可以通过丝杠转动,实现纵向自动走刀。

( )15. 宽刀法车圆锥面是利用与工件轴线成锥面斜角 α 的平直切削刃直接车成锥面的。

二、填空题

1. 加工长度较长或_____的轴类零件,通常采用两端_____作为定位基准,然后用_____安装工件。

2. 中心架固定在_____,其三个爪支承在预先_____工件外圆上,起_____作用。

3. 中拖板手柄刻度盘控制的切削深度是外圆余量的_____,如刻度每转一格,车刀横向移动 0.05 mm,则为了将直径为 50.8 mm 的工件车至 49.2 mm,应将刻度盘转过_____格。

4. 根据切削工序的要求,常用的车刀种类有_____、_____、_____等。

5. 车床上装夹工件用的附件有_____、_____、_____、_____、_____。

6. 三爪卡盘又称自动_____卡盘,当扳手插入圆柱表面上任一方孔转动时,三个卡爪同时作径向移动。

7. 断屑槽的形状主要有_____和_____,其尺寸取决于_____和_____。

8. 莫氏圆锥共有_____个号,其中_____号尺寸最小,_____号尺寸最大。

9. 车刀刀尖处磨成小圆弧的主要目的是为了增加_____,改善_____条件。

10. 常用的顶尖有_____和_____两种。

11. 使用死顶尖的优点是_____好,_____高。

12. 车端面时,车刀安装要求为_____,否则会_____。车出凸端面的原因是_____,车出凹端面的原因是_____。

13. 粗车直径为 $\phi 60$ 的工件(材料为中碳钢),切削速度为_____,转速为_____,背切刀量(切削深度)为_____,进给量为_____;精车时切削速度为_____,进给量为_____,背切刀量为_____,进给量为_____。

14. 对切断刀的_____和_____要求高,对_____的刚度要求大。

三、选择题(选择正确的答案,将相应的字母填入题内的括号中。)

1. 车台阶的右偏刀,其主偏角应为( )。
   A. 75° B. 90° C. 93° D. 45°

2. 车削锥角大而长度较短的锥体工件时,常采用( )。
   A. 转动小拖板法 B. 偏移尾架法 C. 靠模车削法

3. 车刀前角的主要作用是( )。
   A. 使刀刃锋利,减少切屑变形 B. 改变切削力和散热状况
   C. 改变切屑流向

4. 在切削平面内,主切削刃与基面之间的夹角为刃倾角,当刀尖位置处于刀刃上最低点时,刃倾角为( )。
   A. 正值 B. 零 C. 负值

5. 车刀上切屑流过的表面称作( )。
   A. 前刀面 B. 主后刀面
   C. 副后刀面 D. 切削平面

6. 夹持力最强的是( ),工件整个长度上同心度最好的装夹是( )。
   A. 三爪卡盘 B. 四爪卡盘
   C. 双顶尖加鸡心夹头 D. 套筒夹头

7. 在车床上,用转动小拖板法车圆锥时,小拖板转过的角度为( )。
   A. 工件锥角 B. 工件锥角的一倍 C. 工件锥角的一半

8. 切削脆性材料时对刀头( )。
   A. 冲击力小 B. 冲击力大 C. 无冲击力

9. 车端面时,车刀从工件圆周表面向中心走刀,其切削速度是( )。
   A. 不变的 B. 逐渐增加 C. 逐渐减少

10. 安装车刀时，车刀下面的垫片应尽可能用（　　）。
    A. 多的薄垫片　　B. 少量的厚垫片　　C. 随便

11. 应用中心架与跟刀架的车削，主要用于（　　）。
    A. 复杂零件　　　B. 细长轴　　　　C. 长锥体　　　　D. 螺纹件

12. 车外圆时，车刀刀尖高于工件轴线则会使（　　）。
    A. 加工面母线不直　　　　　　　　B. 圆度产生误差
    C. 车刀后角增大，前角减小

13. 精车时，切削用量的选择，应首先考虑（　　）。
    A. 切削速度　　　B. 切削深度　　　C. 进给量

14. 车锥度时，车刀刀尖中心偏离工件旋转中心，会使（　　）。
    A. 锥度变化　　　　　　　　　　　B. 圆锥母线成双曲线
    C. 表面粗糙度增大　　　　　　　　D. 表面粗糙度减小

15. 中心架和跟刀架主要用于（　　）。
    A. 复杂形状零件的车削　　　　　　B. 细长轴的车削
    C. 螺纹件的车削　　　　　　　　　D. 深内孔镗削
    E. 长锥体车削

16. 影响材料可切削性的因素很多，一般用于表示精加工可切削性的指标是（　　）。
    A. 材料的硬度　　B. 生产率　　　C. 加工表面的质量

四、问答题

1. 选择切削速度要考虑哪些因素？这些因素对切削速度有什么影响？

2. 在车床上常用的装夹工件的方法有哪几种？各种装夹方式的用途有何不同？

3. 用三爪卡盘装夹有哪些优点，哪些缺点？

4. 车刀的主要几何角度有哪几个？车刀的一尖、二刃、三面各指的是什么？

5. 车刀安装时应注意哪些事项？

五、计算题

加工一锥体零件,已知大头直径为 $\phi50$ mm,小头直径为 $\phi40$ mm,锥体长度为 10 mm,问小拖板应转过多少度？

车工实习报告(4)

(4) 螺纹、内孔、成型面的车削和工艺分析

日期		成绩	

一、判断题(将判断结果填入括号中。正确的填"√",错误的填"✕"。)

( )1. 公制三角螺纹牙型角为 60°。

( )2. M12×1.5 表示粗牙螺纹,外径为 12 mm,螺距为 1.5 mm。

( )3. 钻中心孔时,不宜采用较低的机床转速。

( )4. 车 M24×2 螺纹时,转速可以任意调换,不会影响螺距。

( )5. 镗孔时往往选用较小的背吃刀量与多次走刀,因此生产率较低,在生产上往往不采用。

( )6. 车削螺纹的基本技术要求是保证螺纹牙型角和螺距的精度。

( )7. 刃磨高速钢车刀应用碳化硅砂轮,硬质合金车刀应用氧化铝砂轮。

( )8. 要求内孔加工到直径 $\phi 50^{+0.03}_{0}$,经车削后,测量得内孔直径为 $\phi 51$ mm,说明还有余量,可再车去 1 mm。

( )9. 在车床上钻孔和在钻床上钻孔一样,钻头既作主运动又作进给运动。

( )10. 钻孔后,发现孔不圆,但有铰削余量,就可利用铰刀铰孔,纠正孔的圆度误差。

( )11. 镗孔可以纠正钻孔造成的轴线偏斜。

( )12. 在普通车床上钻孔,通常把钻头安装在尾座上,钻削时,除了手动进给操作外,也可以进行自动进给。

( )13. 滚花后工件的直径大于滚花前工件的直径。

( )14. 制定车削工艺时,轴类零件和盘类零件应考虑的问题是一样的。

二、填空题

1. 安装螺纹车刀时,必须注意刀尖应与_____等高,刀尖角对称中心线应与_____垂直。

2. 外螺纹的检验,可用_____测量其外径,用_____测量其中径,用_____测量牙形角。综合检验法用_____检验。

3. 在车床上镗孔,既可以用于粗加工,也可以用于_____加工。镗孔能纠正原孔的_____,孔的精度可达到 IT8～IT7,表面粗糙度 R_a 值一般可达_____μm。

4. 镗孔是用_____对工件上的_____作进一步加工的一种孔加工方法。

5. 车螺纹产生"乱扣"的原因是,当丝杠转过一转,工件不是_____转而造成的。

6. 镗孔能达到的精度等级为_____,表面粗糙度 R_a 值为_____。镗孔的关键在于解决镗刀的_____和镗孔中的_____。

7. 车削薄壁套筒时,应特别注意_____引起工件变形。

8. 滚花刀的花纹有_____和_____两种,按滚轮数量又可分为_____、
_____和_____三种。

9. 六角车床适合于成批生产尺寸_____,而形状_____
的零件。

10. 在车床上切螺纹,螺纹的_____精度既取决于车刀_____部分_____正
确,还取决于安装的正确,对于三角螺纹,刀尖角的_____线必须_____于工
件的轴线,刀尖与_____等高,通常用_____对刀来保证。

三、选择题(选择正确的答案,将相应的字母填入题内的括号中。)

1. 用开启和扳下开合螺母法车螺纹产生乱扣的原因是(　　)。
   A. 车刀安装不正确　　　　　　　　B. 车床丝杠螺距不是工件螺距的整数倍
   C. 开合螺母未压下去

2. M24 与 M24×2 的区别是(　　)不等。
   A. 大径　　　　　　B. 螺距　　　　　　C. 牙形角

3. 精车时,切削用量的选择,应首先考虑(　　)。
   A. 切削速度　　　　　B. 切削深度　　　　　C. 进给量

4. 车削方法车出螺纹的螺距不正确,其原因是(　　)。
   A. 主轴窜动量大　　　　　　　　　B. 车床丝杠轴向窜动
   C. 车刀刃磨不正确

5. 在车床上钻孔,钻出的孔径偏大的原因是(　　)。
   A. 后角太大　　　　　　　　　　　B. 顶角太小
   C. 横刃太长　　　　　　　　　　　D. 两切削刃长度不等

6. 在车削螺纹时,下述哪个箱体内的齿轮允许进行调换,以满足螺距的要求(　　)。
   A. 进给箱　　　　B. 主轴变速箱　　　　C. 溜板箱
   D. 挂轮箱　　　　E. 床头箱

7. 用千分尺测量工件内孔尺寸时,千分尺的(　　)读数为孔的实际尺寸。
   A. 最大　　　　　　　　　　　　　B. 最小
   C. 三次的平均　　　　　　　　　　D. 三次以上的平均

8. 用螺纹千分尺可测量外螺纹的(　　)。
   A. 大径　　　　　　B. 小径　　　　　　C. 中径　　　　　　D. 螺距

9. 数量较少或单件成形面零件,采用(　　)为好。
   A. 成形刀　　　　　B. 双手控制法　　　　C. 靠模

10. 对正方形棒料进行切削加工时,最可靠的装夹方法是(　　)。
    A. 三爪卡盘　　　B. 花盘　　　　C. 两顶尖　　　　D. 四爪卡盘

11. 工作图上有一圆柱形细实线划的对角线,是表示该处(　　)。
    A. 不必加工　　　　　　　　　　　B. 不重要
    C. 为对角线　　　　　　　　　　　D. 为平面

12. 在车床上用丝杆带动溜板箱时,可以车削(　　)。
    A. 外圆柱面　　　B. 螺纹　　　　C. 内圆柱面
    D. 成形表面　　　E. 圆锥面

四、问答题

1. 车削螺纹时应注意哪些事项?

2. 车成形面有哪些方法? 简述这些方法各自的特点和应用场合。

3. 什么是工艺? 制定车削加工工艺时应注意哪些问题?

五、工艺题

1. 制定下列零件在车削时的加工步骤。

   轴(材料:45 钢 其余倒角:0.5×45°)

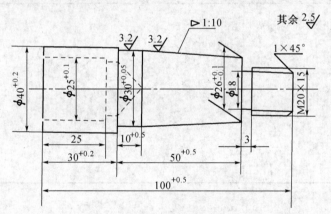

序　号	加工简图	工序内容(包括装夹方法)	刀　具

2. 以钢套零件为例,分析其车削工艺过程,并写出加工步骤。其结构尺寸和技术要求如下图。

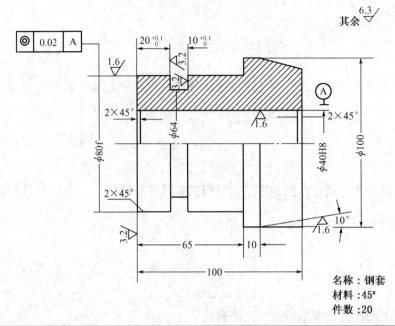

名称:钢套
材料:45#
件数:20

序　号	加工简图	工序内容(包括装夹方法)	刀　具

铣工实习报告

日期		成绩	

一、判断题（将判断结果填入括号中。正确的填"√",错误的填"×"。）

( )1. 在立式铣床上不能加工键槽。

( )2. 卧式铣床主轴的中心线与工作台面垂直。

( )3. 角度铣刀只能加工角度槽,不能用于倒角。

( )4. 加工齿轮,用旋转工作台装夹。

( )5. 铣削直角槽,可用立铣刀,也可用圆盘铣刀。

( )6. 铣刀的几何角度与车刀的几何角度基本相同。

( )7. 在成批生产中,可采用组合铣刀同时铣削几个台阶面,铣斜面的方法只能使用倾斜垫铁铣削法。

( )8. 铣床只可加工"V"形和"T"形两种沟槽。

( )9. 当分度手柄转一周,主轴即转动 1/40 周。

( )10. 铣削时铣刀作直线运动,工件作旋转运动。

( )11. 在成批生产中,可采用组合铣刀同时铣削几个台阶面。

( )11. T 型槽可以用 T 形槽铣刀直接加工出来。

( )12. 万能铣床表示立铣和卧铣能加工的,它都能完成。

( )13. 精铣时一般选用较高的切削速度,较小的进给量和切削深度。

( )14. 铣刀结构形状不同,其装夹方法相同。

( )16. 带孔铣刀由刀体和刀齿两部分组成,它主要在立式铣床上使用。

二、填空题

1. X6132 型号机床,其中 X 表示_____,6 表示_____,1 表示_____,32 表示_____。铣床的主要附件有_____、_____、_____。

2. 铣削平面的常用方法有_____和_____,其中_____较常用,周铣包括_____和_____两种,而_____较常用。

3. 万能铣头能使_____代替_____。

4. 锯片铣刀主要用作_____和_____工件的加工。

5. 根据结构和用途不同,铣床可分为_____、_____、_____、_____、_____等。

6. 顺铣时,水平切削分力与工件进给方向_____,逆铣时,水平切削分力与工件进给方向_____。

7. 铣削加工尺寸公差等级一般为 IT_____ ~IT_____,铣削加工的表面粗糙度 R_a 值一般为_____ μm。

8. 填出如图所示的各种铣刀的名称。

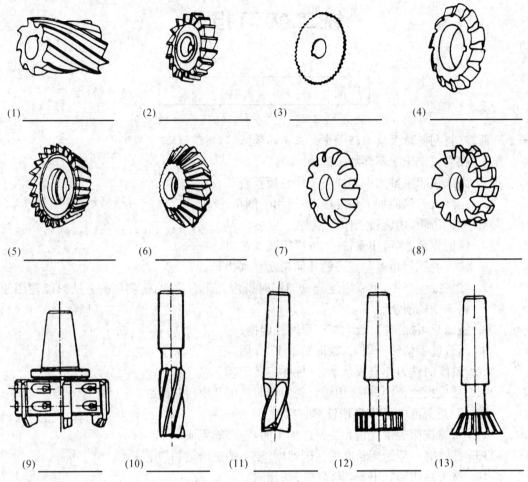

(1) _____　　(2) _____　　(3) _____　　(4) _____

(5) _____　　(6) _____　　(7) _____　　(8) _____

(9) _____　(10) _____　(11) _____　(12) _____　(13) _____

三、选择题（选择正确的答案,将相应的字母填入题内的括号中。）

1. 分度头的回转体在水平轴线内可转动（　　　）。

　　A. 0°～180°　　　　B. 0°～98°　　　　C. −10°～110°

2. 铣刀与车刀比较,它的主要特点是（　　　）。

　　A. 刀刃多　　　　B. 刀刃锋利　　　　C. 切削效率高

3. 回转工作台的主要用途是（　　　）。

　　A. 加工等分的零件

　　B. 加工圆弧形表面和圆弧形腰槽的零件

　　C. 加工体积不大,形状比较规则的零件

4. 成形铣刀用于（　　　）。

　　A. 切断工件　　　　B. 加工键槽　　　　C. 加工特形面

5. 可转位硬质合金端面铣刀,加工平面时通常采用（　　　）铣削。

　　A. 高速　　　　B. 中速　　　　C. 低速

6. 每一号齿轮铣刀可以加工（　　　）。

　　A. 一种齿数的齿轮　　　　　　　B. 同一模数不同齿数的齿轮

C. 同一组内各种齿数的齿轮

7. 安装带孔铣刀,应尽可能将铣刀装在刀杆上(　　)。
   A. 靠近主轴孔处　　　　　　　　　　　B. 主轴孔与吊架的中间位置
   C. 不影响切削工件的任意位置

8. 铣削螺旋槽时,应具备(　　)运动。
   A. 刀具的直线移动　　　　　　　　　　B. 工件沿轴向移动并绕轴自转
   C. 刀具的旋转

9. 在普通铣床上铣齿轮,一般用于(　　)。
   A. 单件生产高精度齿轮　　　　　　　　B. 单件生产低精度齿轮
   C. 大批量生产高精度齿轮　　　　　　　D. 大批量生产低精度齿轮

10. 下列可用于封闭式键槽加工的铣刀是(　　)。
    A. 键槽铣刀　　　　B. 三面刃铣刀　　　　C. 立铣刀　　　　　D. 圆柱铣刀

11. 在卧式铣床上加工工件的(　　)表面时,一般必须使用分度头装夹。
    A. 键槽　　　　　　B. 斜面　　　　　　C. 螺旋槽

四、问答题

1. 什么是铣削加工?简述其主运动和进给运动各是什么?

2. 你操作的铣床由哪几个部分组成?各个部分的作用如何?

3. 铣刀按照安装方式分类有哪几种?写出你实习时用过的铣刀名称。

4. 拟铣一齿数为 38 齿的直齿圆柱齿轮,用简单分度法计算出每铣一齿,分度头手柄应转多少圈?(已知分度盘的各圈孔数正面为 46、47、49、51、53、54,反面为 57、58、59、62、66)

5. 已知铣刀直径 $D=100$ mm,铣刀齿数 $Z=16$,每齿进给量 $f_z=0.03$ mm/z,如铣削速度 $v=30$ m/min,试求每分钟进给量?

五、工艺题

图示工件的各表面(平面)已加工完毕,写出铣削直角槽和 V 形槽的工艺步骤。

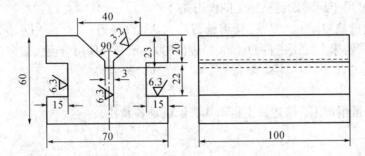

序　号	加工简图	工序内容(包括装夹方法)	刀　具

刨工实习报告

日 期		成 绩	

一、判断题（将判断结果填入括号中。正确的填"√"，错误的填"×"。）

（　）1. 牛头刨床适合加工多边形工件。

（　）2. 牛头刨床间歇移动是靠曲柄摇杆机构实现的。

（　）3. 插床的进给运动是工作台的前后、左右、回转的间歇移动。

（　）4. 牛头刨床在加工平面时，表面粗糙度 R_a 可达 $0.8\ \mu m$。

（　）5. 目前较高工艺要求的大平面，一般可用刮削作为最后加工工序，而刮削前的预加工工序都采用刨削。

（　）6. 刨削小型工件时，一般用压板直接安装在刨床工作台上。

（　）7. 刨削加工是一种高效率、中等精度的加工工艺。

（　）8. 平面刨刀的刃倾角一般取负值，以提高刀尖的强度。

（　）9. 刨床的垂直进刀可以用刀架手轮进行，也可以用工作台的上升来进行。

（　）10. 精刨回程时，将刨刀向上抬起，以防止把工件的已加工表面擦伤。

（　）11. 刨削铸铁件时，由于铸铁灰尘较大，可使用机油冷却工件，以保持环境洁净。

（　）12. 牛头刨床行程长度及左右进刀调整后，都必须将紧固手柄锁紧。

（　）13. 刨刀常做成弯头的，其目的是为了增大刀杆强度。

（　）14. 加工塑性材料时刨刀的前角应比加工脆性材料的前角大。

（　）15. 刨削加工一般不使用冷却液，因为刨削是断续切削，而且切削速度又低。

（　）16. 插床也是利用工件和刀具作相对直线往复运动来切削加工的，它又称为立式刨床。

（　）17. 刨削燕尾槽应使用角度偏刀。

（　）18. 现在在很多应用场合，铣床常被用来代替刨床进行加工。

（　）19. 刨削垂直面及阶台面时应使用偏刀。

（　）20. 龙门刨床的主运动是刨刀的直线往复运动。

二、填空题

1. 刨削是＿＿＿＿切削，每一工作行程开始都有＿＿＿＿现象，＿＿＿＿容易损坏，由此限制了＿＿＿＿的提高。

2. 牛头刨床刨平面时的主运动是＿＿＿＿＿＿，进给运动是＿＿＿＿＿＿。

3. 牛头刨床行程速度＿＿＿＿，回程速度＿＿＿＿，最高速度产生在＿＿＿＿。

4. B665 型号各字母代表的含义分别是：B＿＿＿＿＿＿、6＿＿＿＿＿＿、65＿＿＿＿＿＿＿＿＿＿。

5. ＿＿＿＿＿＿刨刀常用来加工比较硬的工件，以便刨刀碰到工件的硬点时，能向后＿＿＿＿＿＿，避免＿＿＿＿＿＿或＿＿＿＿＿＿。

6. 刨削加工的精度可达_____,表面粗糙度 R_a 值为_____。

7. 龙门刨床的主运动是_____,进给运动是_____
_____。

8. 牛头刨床可以加工的表面有_____、_____、_____、_____、
_____、_____。

9. 插床的滑枕是在_____作直线往复运动。

10. 插床适合加工_____、_____零件。

11. 龙门刨床主要由_____、_____、_____、_____、_____等
组成。

12. 刨削垂直面时,刀架转盘刻度线要对准_____线,以保证_____与_____垂
直。

13. 刨削加工常用的工件装夹工具有_____和_____等几种。

14. 刨削的表面粗糙度一般与_____和_____等因素有关。

三、选择题(选择正确的答案,将相应的字母填入题内的括号中。)

1. 刨削加工的主运动是刨床的(　　)。
    A. 工作台的横向移动　　　　　B. 滑枕的往复直线运动
    C. 摆杆的摇摆运动　　　　　　D. 摆杆齿轮的旋转运动

2. 刨刀与车刀相比,其主要差别是(　　)。
    A. 刀头几何形状不同　　　　　B. 刀杆长度比车刀长
    C. 刀头的几何参数不同　　　　D. 刀杆的横截面要比车刀的大
    E. 种类比车刀多

3. 以下哪类孔最适宜用拉削加工(　　)。
    A. 台阶孔　　　　　　　　　　B. 孔深度等于孔径六倍的通孔
    C. 盲孔　　　　　　　　　　　D. 箱体薄壁上的通孔
    E. 孔深度接近孔径三倍的通孔

4. 刨削加工中刀具容易损坏的原因是(　　)。
    A. 工件表面加工硬化　　　　　B. 每次工作行程开始,刀具都要受到冲击
    C. 排屑困难　　D. 切削温度高　　E. 容易生产切屑瘤

5. 刨削时,如遇工件松动应(　　)。
    A. 立即停车　　　B. 快速紧固工件　　C. 退刀

6. 在开动机床时应戴(　　)。
    A. 手套　　　　　B. 帽子　　　　　C. 眼镜

7. 牛头刨床横向走刀量的大小靠(　　)。
    A. 棘爪拨动棘轮齿数的多少实现　　B. 调整刀架手柄实现
    C. A 和 B 都可以

8. 在刨削中切屑应(　　)。
    A. 用毛刷刷掉　　B. 用嘴吹掉　　C. 用手拿掉

9. 刨削加工在机械加工中仍占一定地位的原因是(　　)。
    A. 生产率低,但加工精度高　　　　B. 加工精度较低,但生产率较高
    C. 工装设备简单,宜于单件生产、修配工作　　D. 加工范围广泛

10. 牛头刨床滑枕往复运动速度为( )。
    A. 慢进快回   B. 快进慢回   C. 往复相同
11. 对于形状较大的工件,常用的装夹工具是( )。
    A. 平口钳   B. 压板螺栓   C. 三爪卡盘
12. 下列机床中不适合孔内键槽加工的是( )。
    A. 牛头刨床   B. 插床   C. 龙门刨床   D. 拉床

四、问答题

1. 刨削前,根据被加工工件的工艺要求,必须对牛头刨床做哪些调整?

2. 刨削时,刀具和工件需做哪些运动?

3. 粗刨和精刨在切削用量及刨刀形状上有什么区别?

4. 刨床可加工哪些表面?

5. 在刨垂直面和斜面时,刀座应当如何扳转角度?

6. 刨削平行垫块四面时,为什么要在工件和平口钳的活动钳口之间垫一根圆棒?

五、工艺题

写出如图所示的综合件的刨削加工步骤。

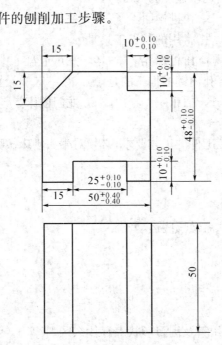

序　号	加工简图	工序内容(包括装夹方法)	刀　具

铣工与刨工综合实习报告

日期		成绩	

一、判断题(将判断结果填入括号中。正确的填"√",错误的填"×"。)

( )1. 铣削工件的表面质量就是指表面粗糙度。

( )2. 铣削前,应在停机状态将铣刀刀尖接触工件待加工表面以进行对刀。

( )3. 端铣刀在立式铣床或卧式铣床上均能使用。

( )4. 铣削加工与车削加工不一样,在铣削过程中它的切削厚度是变化的。

( )5. 铣平面时使用端铣刀比立铣刀得到的平直度高。

( )6. 铣削圆弧槽应在回转工作台上用立铣刀加工。

( )7. 由于齿轮铣刀是铲齿成形铣刀,所以铣削速度应比普通铣刀略高。

( )8. 牛头刨床的滑枕行程可长可短,它的改变,是依靠调节摆杆上的滑块的位置来实现的。

( )9. 刨削小型工件时一般采用压板直接安装在刨床工作台上。

( )10. 刨削和插削,都是利用工件和刀具作相对的直线往复运动来进行切削加工的工艺过程。

二、填空题

1. 铣床的加工精度较高,其加工精度一般为 IT _____ ～ _____ 级,表面粗糙度为 R_a _____ ～ _____ μm。

2. 要使铣床能保持正常的运转和减少磨损,必须经常对铣床的所有 _____ 部分进行 _____ 。

3. 铣削用量包括 _____ 、_____ 和 _____ 。

4. 钨钛钴类硬质合金铣刀在一般情况下,YT5 用于 _____ 材料的 _____ 加工,YT30 用于 _____ 加工。牌号后面的数字表示 _____ 含量的 _____ 数,其余是 _____ 。

5. 铣刀切削部分的材料常用的有以下两种:_____ 、_____ 。W18Cr4V 是属于 _____ 。

6. 铣刀的分类方法很多,若按铣刀刀齿构造,可分为 _____ 铣刀与 _____ 铣刀。

7. 铣刀的 _____ 与工件进给方向 _____ 时的铣削称为顺铣。

8. 牛头刨床主要机构有 _____ 、_____ 、_____ 、_____ 和 _____ 等。

9. 在刨床上可以加工的表面有 _____ 、_____ 、_____ 、_____ 、_____ 、_____ 和 _____ 等。

10. 刨刀的几何角度主要有 _____ 、_____ 、_____ 、_____ 和 _____ 。

三、选择题(选择正确的答案,将相应的字母填入题内的括号中。)

1. 刨削在机械加工中仍占有一定的地位的根本原因在于( )。

  A. 生产率低但加工精度高   B. 加工精度低但生产率高

  C. 工装设备简单，宜于单件修配工作

2. 刨刀与车刀相比，其主要差别是（　　　）。

  A. 刀头的几何参数不同   B. 刀杆长度比车刀长

  C. 刀杆横截面比车刀大   D. 刀头的几何形状不同

3. 刨削加工中刀具容易损坏的主要原因是（　　　）。

  A. 工件表面加工硬化

  B. 每次工作行程开始，刀具都要受到冲击

  C. 切削温度高

  D. 排屑困难

4. 逆铣与顺铣相比，其突出的优点是（　　　）。

  A. 铣削平稳   B. 刀齿散热条件好

  C. 生产率高   D. 切削时工件不会窜动

  E. 加工质量好

5. 铣刀与车刀相比较的主要特点是（　　　）。

  A. 多刀齿、多刀刃   B. 刀刃锋利

  C. 切削效率高   D. 刀具刚性好

6. 在普通铣床上铣齿轮，一般用于（　　　）。

  A. 单件生产高精度齿轮   B. 单件生产低精度齿轮

  C. 大批量生产高精度齿轮   D. 大批量生产低精度齿轮

7. 铣削过程中的主运动是（　　　）。

  A. 铣刀的旋转运动   B. 工件的旋转运动

  C. 工作台的纵向移动   D. 工作台的横向移动

8. （　　　）的主要作用是减少后刀面与切削表面之间的摩擦。

  A. 前角   B. 后角   C. 主偏角   D. 副偏角

9. 直径不大的锯片铣刀、三面刃铣刀一般采用（　　　）结构。

  A. 整体   B. 镶齿   C. 焊接   D. 机械夹固

四、简答题

1. 使用切削液的作用和目的是什么？

2. 在铣床上铣直齿圆柱齿轮应如何选择铣刀？

3. 写出你在实习中所操作的铣床型号及各符号所代表的意义？

4. 刨刀刀架为什么制成可抬起的？

5. 为什么常用的弯头刨刀是后弯的？

五、计算题

1. 已知锯片铣刀的直径为 160 mm,切断时,铣床主轴转速为 75 r/min,求铣刀的切削速度?

2. 在牛头刨床上刨削铸铁件,工件长度为 120 mm,应调整机床的行程长度为 140 mm,选用滑枕每分钟往复行程次数为 52,求刨削速度 v 是多少?

磨工与齿形加工实习报告

日 期		成 绩	

一、判断题(将判断结果填入括号中。正确的填"√",错误的填"✕"。)

( )1. 砂轮是磨削的主要工具。

( )2. 磨粒的大小用直径表示,粒度号数愈小,颗粒愈大。

( )3. 磨削实际上是一种多刃刀具的超高速切削。

( )4. 砂轮的硬度是指磨料本身所具有的硬度。

( )5. 淬火后零件的后道加工,比较适宜的方法是磨削。

( )6. 砂轮上的孔隙是在制造过程中形成的,实质上在磨削时并不起作用。

( )7. 砂轮具有一定的自锐性,因此磨削过程中,砂轮并不需要修整。

( )8. 工件材料的硬度越高,选用的砂轮硬度也应越高。

( )9. 磨床工作台采用机械传动,其优点是工作平稳,无冲击振动。

( )10. 磨孔主要用来提高孔的形状和位置精度。

( )11. 工件的硬度高,要选择软的砂轮。

( )12. 砂轮的强度是由结合剂的性质、配方、砂轮制造工艺等决定的。

( )13. W20 粒度比 W40 粒度的砂轮要细些。

( )14. 砂轮磨钝后,通常要用金刚石进行修整。在修整时,要用大量切削液避免砂轮因温度剧升而破裂。

( )15. 磨削时砂轮的每一个尖棱形的砂粒都相当于一个刀齿,整个砂轮就是一把具有无数刀齿的铣刀,所以磨削的实质是密齿刀具的超高速切削。

( )16. 滚齿机主要适合加工双联齿、多联齿及内齿。

( )17. 测量齿轮主要是测量齿轮的公法线长度。

( )18. 用展成法加工的齿形精度要比成形法加工的齿形精度高。

( )19. 渐开线齿轮中标准模数和标准压力角所在的圆叫作分度圆。

( )20. 插齿机比滚齿机加工齿轮的精度高,但生产效率低。

( )21. 一般滚刀的标准压力角为 $30°$。

二、填空题

1. 磨床种类有_____、_____、_____、_____、_____ 等。

2. 磨削时砂轮的转动是_____运动,纵、横向移动都是_____。

3. 磨削时需要大量冷却液的目的是_____、_____、_____、_____。

4. 磨削不但可以加工一般的金属材料,还可以加工_____。

5. 磨硬材料应选用_____砂轮,磨软材料应选用_____砂轮。

6. 结合剂的代号 A 表示_____,S 表示_____,X 表示_____。

7. 组成砂轮的三要素是_____、_____、_____。

8. 外圆磨床的工作台是由_____传动,它的特点是_____、_____、_____。

9. 一对标准直齿轮啮合的必要条件是_____和_____。

10. 标准齿轮各部分尺寸计算的主要参数是_____、_____、_____。

11. Y54 型号机床,其中 Y 表示_____, 5 表示_____, 4 表示_____, Y7131 型号机床,7 表示_____,1 表示_____, 31 表示_____。

12. 齿形加工按形成齿廓曲线原理分为_____和_____两大类,其中铣齿属于_____,滚齿属于_____。滚齿加工的运动组成是_____、_____、_____、_____。

13. 齿轮测量的主要量具是_____,_____。齿轮的精度要求有_____、_____和_____。

14. 滚齿机主要由_____、_____、_____、_____、_____等部件组成。

三、选择题(选择正确的答案,将相应的字母填入题内的括号中。)

1. 外圆磨削时,砂轮的圆周速度一般为( )。
   A. $v_砂 = 5 \sim 10$ m/s　　　　　　　B. $v_砂 = 30 \sim 50$ m/s
   C. $v_砂 = 60 \sim 80$ m/s　　　　　　　D. $v_砂 = 100 \sim 150$ m/s

2. 磨削冷却液通常使用的是( )。
   A. 机油　　　　B. 乳化液　　　　C. 自来水　　　　D. 机油+水

3. 薄壁套筒零件,在磨削外圆时,一般采用( )。
   A. 两顶尖装夹　　B. 卡盘装夹　　C. 心轴装夹　　D. A,B,C 中任一种

4. "砂轮的硬度"是指( )。
   A. 砂轮上磨料的硬度
   B. 在硬度计上打出来的硬度
   C. 磨粒从砂轮上脱落下来的难易程度
   D. 砂轮上磨粒体积占整个砂轮体积的百分比

5. 一根各段同轴度要求较高的淬硬钢的台阶轴,其各段外圆表面的精加工应为( )。
   A. 精密车削　　　　　　　　　　B. 在外圆磨床上磨外圆
   C. 在无心磨床上磨外圆

6. 用于钢料工件精磨和高速钢刀具刃磨的合适磨料是( )。
   A. 棕刚玉　　　　　　　　　　　B. 白刚玉
   C. 黑色碳化硅　　　　　　　　　D. 金刚玉
   E. 绿色碳化硅

7. 对尺寸公差要求达到 IT4 级,表面粗糙度 R_a 为 0.012 的工件应采用哪一种光整加工( )。
   A. 研磨　　　　B. 珩磨　　　　C. 高级光磨
   D. 抛光　　　　E. 镗磨

8. 粒度粗、硬度大、组织疏松的砂轮适用于( )。
   A. 精磨　　　　B. 硬金属的磨削　　C. 脆性金属的磨削
   D. 软金属的磨削　　E. 珩磨

9. M1432 是磨床的型号,其中"M14"是表示"万能外圆磨床",而"32"则表示( )。

    A. 主轴直径为 32 mm   B. 所用砂轮最大直径为 320 mm

    C. 所用砂轮最大宽度为 32 mm   D. 最大工件长度为 320 mm

    E. 最大磨削直径为 320 mm

10. 砂轮的硬度取决于结合剂的能力,(　　)砂轮的硬度最硬。

    A. 陶瓷结合剂   B. 树脂结合剂   C. 橡胶结合剂

11. 插齿机能加工(　　)。

    A. 沟槽   B. 斜齿   C. 内齿

12. 批量生产齿轮的方法一般采用(　　)。

    A. 成形法   B. 展成法   C. A,B 都行

13. 用展成法加工齿轮时,刀具选择与(　　)有关。

    A. 工件的齿数   B. 工件的模数   C. 工件的材料

14. 锥齿轮的加工设备一般是(　　)。

    A. 滚齿机   B. 插齿机   C. 刨齿机   D. 铣床

15. 有一对相互啮合的标准直齿轮,$Z_1=31$;$Z_2=43$,$m=3.75$ mm,两齿轮中心距为(　　)mm。

    A. 136.5   B. 138.75   C. 140   D. 140.25

16. 已知一标准直齿圆柱齿轮的分度圆直径 $d_分=120$ mm,模数 $m=3.75$,它的齿数为(　　)。

    A. 30   B. 32   C. 34   D. 48

17. 滚齿时也有顺铣和逆铣,当滚刀的旋转方向与工件运动方向(　　)时,称为逆铣。

    A. 相同   B. 相反

18. 测量齿轮的公法线长度,一般采用(　　)。

    A. 深度游标卡尺   B. 外径千分尺   C. 公法线千分尺或游标卡尺

四、问答题

1. 简述磨削加工的特点和应用范围。

2. 磨削用的刀具是什么?磨粒用哪些材料?

3. 简述磨床传动的特点?

4. 试述周磨法和端磨法两种磨平面方法各自的优缺点。

5. 滚齿机在加工齿轮时必须具备哪些运动?

6. 齿轮有哪些种类? 它是如何分类的?

7. 为什么滚齿和插齿均能用一把刀具加工同一模数任意齿数的齿轮?

8. 成形法和展成法加工齿轮各用什么机床? 各用于何种场合?

9. 用盘状铣刀加工齿轮时,盘状铣刀应根据哪些因素进行选择?

数控车实习报告(1)

日　期		成　绩	

一、判断题(将判断结果填入括号中。正确的填"√",错误的填"×"。)

（　）1. G00,G01 指令都能使机床坐标轴准确到位,因此它们都是插补指令。

（　）2. 在开环和半闭环数控机床上,定位精度主要取决于进给丝杠的精度。

（　）3. 在数控机床上,一个程序只能加工一个工件。

（　）4. 数控机床工件加工程序通常比普通机床加工工件的过程要简单得多。

（　）5. 数控系统分辨率越小,不一定机床加工精度就越高。

（　）6. Z 轴坐标负方向规定为远离工件的方向。

（　）7. 感应器安装在工作台上,全闭环的位置传感器安装在电机的轴上。

（　）8. 在执行 G00 指令时,刀具路径不一定为一直线。

（　）9. 加工中心是最早发展的数控机床品种。

（　）10. LCYC95 循环指令只适合于加上棒料毛坯除去较大余量的切削。

二、选择题(选择正确的答案,将相应的字母填入题内的括号中。)

1. 数控车床与普通车床相比在结构上差别最大的部件是（　）。

　　A. 主轴箱　　　　　　　　　　B. 床身

　　C. 进给传动　　　　　　　　　D. 刀架

2. 数控机床的诞生是在 20 世纪（　）年代。

　　A. 50 年代　　　　B. 60 年代　　　　C. 70 年代

3. 闭环进给伺服系统与半闭环进给伺服系统主要区别在于（　）。

　　A. 位置控制器　　　　　　　　B. 检测单元

　　C. 伺服单元　　　　　　　　　D. 控制对象

4. Z 坐标的正方向是指（　）。

　　A. 使工件尺寸增大的方向

　　B. 刀具远离工件的方向

　　C. 刀具趋近工件的方向

5. 数控机床加工零件时是由（　）来控制的。

　　A. 数控系统　　　　B. 操作者　　　　C. 伺服系统

6. 数控机床与普通机床的主机最大的不同是数控机床用（　）。

　　A. 数控装置　　　　B. 滚动导轨　　　　C. 滚珠丝杠

7. "CNC"的含义是（　）。

　　A. 数字控制　　　　B. 计算机数字控制　　　C. 网络控制

8. 用于机床刀具编号的指令代码是（　）。

　　A. F 代码　　　　B. T 代码　　　　C. M 代码

9. 数控机床的核心是( )。

    A. 伺服系统   B. 数控系统   C. 反馈系统   D. 传动系统

10. 进给率即( )。

    A. 每转进给量×每分钟转数   B. 每转进给量 / 每分钟转数

    C. 切深×每分钟转数   D. 切深 / 每分钟转数

三、简答题

1. 程序中常用的 G,M 指令有哪些?

2. 数控机床加工工件有何特点?

3. 比较数控机床与普通机床加工的过程,有什么区别?

4. 简要说明数控机床坐标轴的确定原则。

数控车实习报告(2)

日期		成绩	

一、判断题(将判断结果填入括号中。正确的填"√",错误的填"×"。)

( )1. 绝对编程和增量编程不能在同一程序中混合使用。

( )2. 数控机床按工艺用途分类,可分为数控切削机床、数控电加工机床、数控测量机床等。

( )3. 数控机床的编程方式是绝对编程或增量编程。

( )4. 当数控加工程序编制完成后即可进行正式加工。

( )5. 数控机床是在普通机床的基础上将普通电气装置更换成 CNC 控制装置。

( )6. 开环控制数控机床的特点是控制系统不带反馈装置。

( )7. 加工程序中,每段程序必须有程序段号。

( )8. 用数显技术改造后的机床就是数控机床。

( )9. G 代码可以分为模态和非模态 G 代码。

( )10. 数控车床适宜加工轮廓形状特别复杂或难以控制尺寸的回转体零件、箱体类零件、精度要求高的回转体类零件、特殊的螺旋类零件等。

二、选择题(选择正确的答案,将相应的字母填入题内的括号中。)

1. 加工( )零件,宜采用数控加工设备。

　A. 大批量　　　　　B. 多品种中小批量　　C. 单件

2. 数控机床进给系统减少摩擦阻力和动静摩擦之差,是为了提高数控机床进给系统的( )。

　A. 传动精度　　　　　　　　　　B. 运动精度和刚度

　C. 快速响应性能和运动精度　　　D. 传动精度和刚度

3. 使用专用机床比较适合( )。

　A. 复杂型面加工　　B. 大批量加工　　　C. 齿轮齿形加工

4. 数控机床加工零件时是由( )来控制的。

　A. 数控系统　　　　B. 操作者　　　　　C. 伺服系统

5. 开环控制系统用于( )数控机床。

　A. 经济型　　　　　B. 中、高档　　　　C. 精密

6. 加工中心与数控铣床的主要区别是( )。

　A. 数控系统复杂程度不同

　B. 机床精度不同

　C. 有无自动换刀系统

7. 圆弧插补指令 G03 X Z　CR=F 中,X,Z 后的值表示圆弧的( )。

　A. 起点坐标值　　　B. 终点坐标值　　　C. 圆心坐标相对于起点的值

8. 数控车床中,转速功能字 S 可指定( )。

    A. mm/r   B. r/mm   C. mm/min

9. 在数控机床坐标系中平行机床主轴的直线运动为( )。

    A. X 轴   B. Y 轴   C. Z 轴

10. 数控机床工作时,当发生任何异常现象需要紧急处理时应启动( )。

    A. 程序停止功能   B. 暂停功能   C. 紧停功能

三、简答题

1. 数控机床有哪几个组成部分?

2. 试解释下列指令的意义:

G00,G01,G02,G03,G41,G42,G43,G04,G90,G91,G92

3. 试区别一下手工编程和自动编程的过程以及适用场合。

4. 绝对值编程和增量值编程有什么区别?

数控铣实习报告(1)

日 期		成 绩	

一、填空题

1. 在铣削零件的内外轮廓表面时,为防止在刀具切入、切出时产生刀痕,应沿轮廓_____方向切入、切出,而不应_____方向切入、切出。

2. 铣刀按切削部分材料分类,可分为_____铣刀和_____铣刀。

3. 数控机床按控制系统功能特点分类分为:_____、_____和_____。

4. 编程时可将重复出现的程序编程_____,使用时可以由_____多次重复调用。

5. 切削用量三要素是指主轴转速、_____、_____。对于不同的加工方法,需要不同的_____,并应编入程序单内。

6. 在指定编写循环指令之前,必须用辅助功能_____使主轴_____。

7. 铣削平面轮廓曲线工件时,铣刀半径应_____工件轮廓的_____凹圆半径。

8. 粗铣平面时,因加工表面质量不均,选择铣刀时直径要_____一些。精铣时,铣刀直径要_____,最好能包容加工面宽度。

二、判断题(将判断结果填入括号中。正确的填"√",错误的填"×")

(　　)1. 数控钻床属于点位控制数控机床。

(　　)2. 铣削是属于连续切削加工。

(　　)3. 数控机床是为了发展柔性制造系统而研制的。

(　　)4. 加工中心是一种多工序集中的数控机床。

(　　)5. 确定数控机床的零件加工工艺路线是指切削过程中刀具的运动轨迹和运动方向。

(　　)6. 当数控加工程序编制完成后即可进行正式加工。

(　　)7. 程序段的顺序号,根据数控系统的不同,在某些系统中可以省略的。

(　　)8. 用键槽铣刀和立铣刀铣封闭式沟槽时,均不需事先钻好落刀孔。

(　　)9. 判断刀具左右偏移指令时,必须对着刀具前进方向判断。

(　　)10. 铣刀与工件的运动方向相反的铣削方式称为逆铣法。

三、选择题(选择正确的答案,将相应的字母填入题内的括号中)

1. 采用数控机床加工的零件应该是(　　)。

　　A. 单一零件　　　　　　　　　　B. 中小批量、形状复杂、型号多变

　　C. 大批量

2. 步进电机的转速是否通过改变电机的(　　)而实现。

　　A. 脉冲频率　　　B. 脉冲速度　　　C. 通电顺序

3. 数控机床加工零件时是由(　　)来控制的。

　　A. 数控系统　　　B. 操作者　　　C. 伺服系统

4. 在辅助功能指令中,(　　)表示主轴反转指令。

　　A. M03　　　　　　B. M04　　　　　　C. M05　　　　　　D. M41

5. 具有自动换刀功能的机床是(　　)

　　A. 数控车床　　　　　　　　　　　B. 数控铣床

　　C. 加工中心　　　　　　　　　　　D. 数控线切割机床

6. 数控装置的作用是(　　)。

　　A. 开关量控制　　　　　　　　　　B. 存储加工程序

　　C. 轨迹插补　　　　　　　　　　　D. 驱动主轴运动

7. 在铣削工件时,若铣刀的旋转方向与工件的进给方向相反称为(　　)。

　　A. 顺铣　　　　　　　B. 逆铣　　　　　　C. 横铣　　　　　　D. 纵铣

8. 刀具长度正补偿是(　　)指令,负补偿是(　　)指令,取消补偿是(　　)指令。

　　A. G43　　　　　　　B. G44　　　　　　C. G49

9. 切削用量中,对切削刀具磨损影响最大的是(　　)。

　　A. 切削深度　　　　　B. 进给量　　　　　C. 切削速度

10. 用于机床开关指令的辅助功能的指令代码是(　　)。

　　A. F 代码　　　　　　B. S 代码　　　　　C. M 代码

四、简答题

1. 谓机床坐标系和工件坐标区别是什系? 其主要区别是什么?

2. 简要说明数控机床坐标轴的确定原则。

3. 简述数控系统开环系统、半闭环系统、全闭环系统的区别?

4. 刀具补偿有何作用? 有哪些补偿指令?

数控铣实习报告(2)

日 期		成 绩	

一、填空题

1. 数控机床按控制运动轨迹可分为_____、点位直线控制和_____等几种。按控制方式又可分为_____、_____和半闭环控制等。

2. 数控机床大体由_____、_____、_____和_____组成。

3. 与机床主轴重合或平行的刀具运动坐标轴为_____轴,远离工件的刀具运动方向为_____。

4. 切削用量三要素是指主轴转速、_____、_____。对于不同的加工方法,需要不同的_____,并应编入程序单内。

5. 数控机床中的标准坐标系采用_____。

6. 数控机床使用的刀具必须有_____和_____。

二、判断题(将判断结果填入括号中。正确的填"√",错误的填"×")

( )1. 圆弧插补中,对于整圆,其起点和终点相重合,用 R 编程无法定义,所以只能用圆心坐标编程。

( )2. 加工中心是世界上产量最高、应用最广泛的数控机床之一。

( )3. 在数控机床编程中,为了编程方便,一律规定刀具固定,工件移动。

( )4. 圆弧插补用半径编程时,当圆弧所对应的圆心角大于 180°时半径取负值。

( )5. 数控系统分辨率越小,不一定机床加工精度就越高。

( )6. 数控机床按控制系统的特点可分为开环、闭环和半闭环系统。

( )7. 加工零件在数控编程时,首先应确定数控机床,然后分析加工零件的工艺特性。

( )8. 数控切削加工程序时一般应选用轴向进刀。

( )9. 数控机床的定位精度与数控机床的分辨率精度是一致的

( )10. 在开环和半闭环数控机床上,定位精度主要取决于进给丝扛的精度。

三、选择题(选择正确的答案,将相应的字母填入题内的括号中)

1. ( )使用专用机床比较合适。
   A. 复杂型面加工　　　　　　　　　　B. 大批量加工
   C. 齿轮齿形加工

2. 加工中心与数控铣床的主要区别是( )。
   A. 数控系统复杂程度不同　　　　　　B. 机床精度不同
   C. 有无自动换刀系统

3. 数控编程指令 G42 代表( )。
   A. 刀具半径左补偿　　　　　　　　　B. 刀具半径右补偿
   C. 刀具半径补偿撤销

4. Z坐标的正方向是指(　　)。
　　A. 使工件尺寸增大的方向　　　　　　　　B. 刀具远离工件的方向
　　C. 刀具趋近工件的方向
5. 沿刀具前进方向观察,刀具偏在工件轮廓的左边是(　　)指令,刀具偏在工件轮廓的右边是(　　)指令。
　　A. G41　　　　　　　　B. G42　　　　　　　　C. G40
6. 数控机床与普通机床的主机最大不同是数控机床用(　　)。
　　A. 数控装置　　　　　B. 滚动导轨　　　　　C. 滚珠丝杠
7. 数控系统所规定的最小设定单位就是(　　)。
　　A. 数控机床的运动精度　　　　　　　　　　B. 机床的加工精度
　　C. 脉冲当量　　　　　　　　　　　　　　　D. 数控机床的传动精度
8. 按数控系统的控制方式分类,数控机床分为:开环控制数控机床、(　　)、闭环控制数控机床。
　　A. 点位控制数控机床　　　　　　　　　　　B. 点位直线控制数控机床
　　C. 半闭环控制数控机床　　　　　　　　　　D. 轮廓控制数控机床。
9. 在数控机床坐标系中平行机床主轴的直线运动为(　　)。
　　A. X轴　　　　　　　　B. Y轴　　　　　　　　C. Z轴
10. 数控车床最适宜加工材料的类型是(　　)。
　　A. 锻件　　　　　　　B. 铸件　　　　　　　C. 焊接件
　　D. 热轧型材　　　　　E. 冷柱型材

四、简答题
1. 数控铣床的坐标系和数控车床的坐标系有何不同?

2. 刀具半径补偿的意义何在?

3. 数控加工机床按加工控制路线应分为哪几类? 其控制过程有何不同?

激光加工实习报告

日 期		成绩	

一、选择题

1. 光纤打标不能加工打标的有( )。
   A. 电线电缆
   B. 食品包装
   C. 五金工具
   D. 皮革

2. 下列四种论述选项中,那个不是激光的特性( )。
   A. 光射范围广
   B. 单色性好
   C. 相干性好
   D. 强度高

3. 激光焊接中辅助气体的作用有( )。
   A. 保护聚焦镜不受污染
   B. 冷却焊缝
   C. 保护焊缝

4. 不属于激光切割的有( )。
   A. 汽化切割
   B. 熔化切割
   C. 划片与控制断裂
   D. 金属切割

5. 常用激光打标方法不包括( )。
   A. 点阵式
   B. 线性扫描式
   C. 掩模式
   D. 飞行式

6. 世界上第一束激光诞生于( )年。
   A. 1916
   B. 1960
   C. 1958
   D. 1963

二、填空题

1. 激光加工设备主要包括电源、_____、_____、_____等部分。

2. 激光器的基本结构包括三个组成部分:_____、_____、_____。

3. 激光主要加工种类有_____、_____、_____、_____、_____。

4. 使用二氧化碳气体激光器切割时,一般在光束出口处装有喷嘴,用于喷吹_____等辅助气体,以_____。

5. 激光加工运用于工业、农业、_____、_____、_____等各方面。

6. 激光打孔的直径可以小到_____以下,深径比可达_____。

7. CO_2 激光器属于_____激光器,其工作波长为_____。

8. 激光加工常用的大功率激光器有_____、_____和_____。

9. 激光打孔时光束一般聚焦在_____。

10. 激光具有_____、_____、_____、_____的特点。

三、问答题

1. 什么是激光热加工？

2. 激光内雕的成像技术原理是什么？

3. 简单叙述激光加工的主要应用。

快速成型实习报告

日 期		成 绩	

一、判断题

(   )1. 快速成形制造技术是采用离散——堆积的方法将三维 CAD 模型转变为具体物质构成的三维实体的一种制造方法。

(   )2. 熔融挤压成型需要使用激光作为成型能源。

(   )3. 将熔融挤压成型技术和传统的模具制造技术结合在一起,快速模具制造技术可以缩短模具的开发周期,提高生产效率。

(   )4. 熔融挤压成型技术对原型精度和物理化学特性要求较高,需要严格控制其成型过程。

(   )5. 熔融挤压成型技术塑材丝材清洁,更换容易。

二、选择题

1. 熔融挤压快速成形机使用的成形材料为(   )。

   A. ABS 塑料丝　　　B. 薄片纸　　　　C. 光敏树脂液

2. 随着高度的增加,层片轮廓的面积和形状都会发生变化,当形状发生较大的变化时,需要进行(   )处理。

   A. 翻转　　　　　　B. 固定　　　　　C. 支撑

3. 熔融挤压快速成型技术又称(   )技术。

   A. SLS　　　　　　B. 3DP　　　　　C. FDM

4. 熔融挤压成型技术的特点不包括(   )。

   A. 可快速构建瓶状或中空零件

   B. 制造系统不用于办公环境,因为会产生有毒化学物质

   C. 原材料以卷轴丝的形式提供,易于搬运和快速更换

三、填空题

1. 熔融挤压快速成型工艺可通过减小原型_____的方法提高成型速度。

2. 熔融沉积成型中,材料先抽成丝状,通过送丝机构送进_____后被加热融化。

3. 喷头沿零件截面轮廓和填充轨迹运动,同时将_____状态的材料按 CAD 分层数据控制的路径挤出并沉积在指定的位置凝固成形。

4. UPmini 熔融挤压快速成形材料为 ABS 塑料 ,成形温度为_____,每层成形厚度为_____。

5. 快速成形制造的基本过程包括_____、_____、_____、_____和后处理等。

6. 快速成形制造的主要方法主要有_____、_____、_____、_____。

四、问答题

1. 叙述快速成形制造的基本原理。

2. 列举快速原型制造技术的主要五种方法：
   SLS LOM SLA FDM IJP